前言

本书主要介绍并分享个人在大学期间的学习生活，根据个人经历分享了自己的一些想法并且给予了相应的合理化的建议，除此之外还分享了在校期间参与的活动及相关的学术、竞赛方面的成果展示，成果展示部分大致分为课余期间参与的科研训练、社会实践及课外竞赛三部分内容。对有意向参加相关活动、竞赛的同学提供了一些竞赛的信息进行了解、选择，还涉及自己在参赛过程中的经验之谈，并且在成果展示中提供了大量的写作模板，为在未来参加活动竞赛的同学提供了参考，规避因寻找模板而浪费大量时间的情形，起到有章可循的作用。

撰写本书源于自己当时在进入大学校园之前渴望了解校园生活，期望自己能够对大学生活有一个清晰的规划，找到一个适合自己的途径来提高自身的学习和工作能力，通过对自己大学生活不断的“复盘”过程，总结了很多经验，并且对时间的安排管理方面有了清晰明确的方案。

读者可以通过阅读本书，对大学生活有一定的了解及基本的认知；根据自己的情况及未来的意向确定发展方向，有助于读者对自己未来的大学生活进行一个合理的规划。

化院实践随笔

◎杨洁 著

山西出版传媒集团
山西经济出版社

图书在版编目(CIP)数据

化院实践随笔 / 杨洁著. —太原：山西经济出版社，2021.9

ISBN 978-7-5577-0928-0

Ⅰ. ①化… Ⅱ. ①杨… Ⅲ. ①化学—专业—大学生—学生生活 Ⅳ. ①06

中国版本图书馆 CIP 数据核字(2021)第 183230 号

化院实践随笔

HUAYUAN SHIJIAN SUIBI

著　　者：杨　洁
出 版 人：张宝东
责任编辑：李慧平
助理编辑：武文璇
装帧设计：杨　洁

出 版 者：山西出版传媒集团·山西经济出版社
社　　址：太原市建设南路 21 号
邮　　编：030012
电　　话：0351-4922133（市场部）
　　　　　0351-4922085（总编室）
E-mail：scb@sxjjcb.com（市场部）
　　　　zbs@sxjjcb.com（总编室）

经 销 者：山西出版传媒集团·山西经济出版社
承 印 者：山西雅美德印刷科技有限公司

开　　本：889mm × 1194mm　1 / 32
印　　张：7
字　　数：140 千字
版　　次：2021 年 9 月　第 1 版
印　　次：2021 年 9 月　第 1 次印刷
书　　号：ISBN 978-7-5577-0928-0
定　　价：30.00 元

目录

成果编

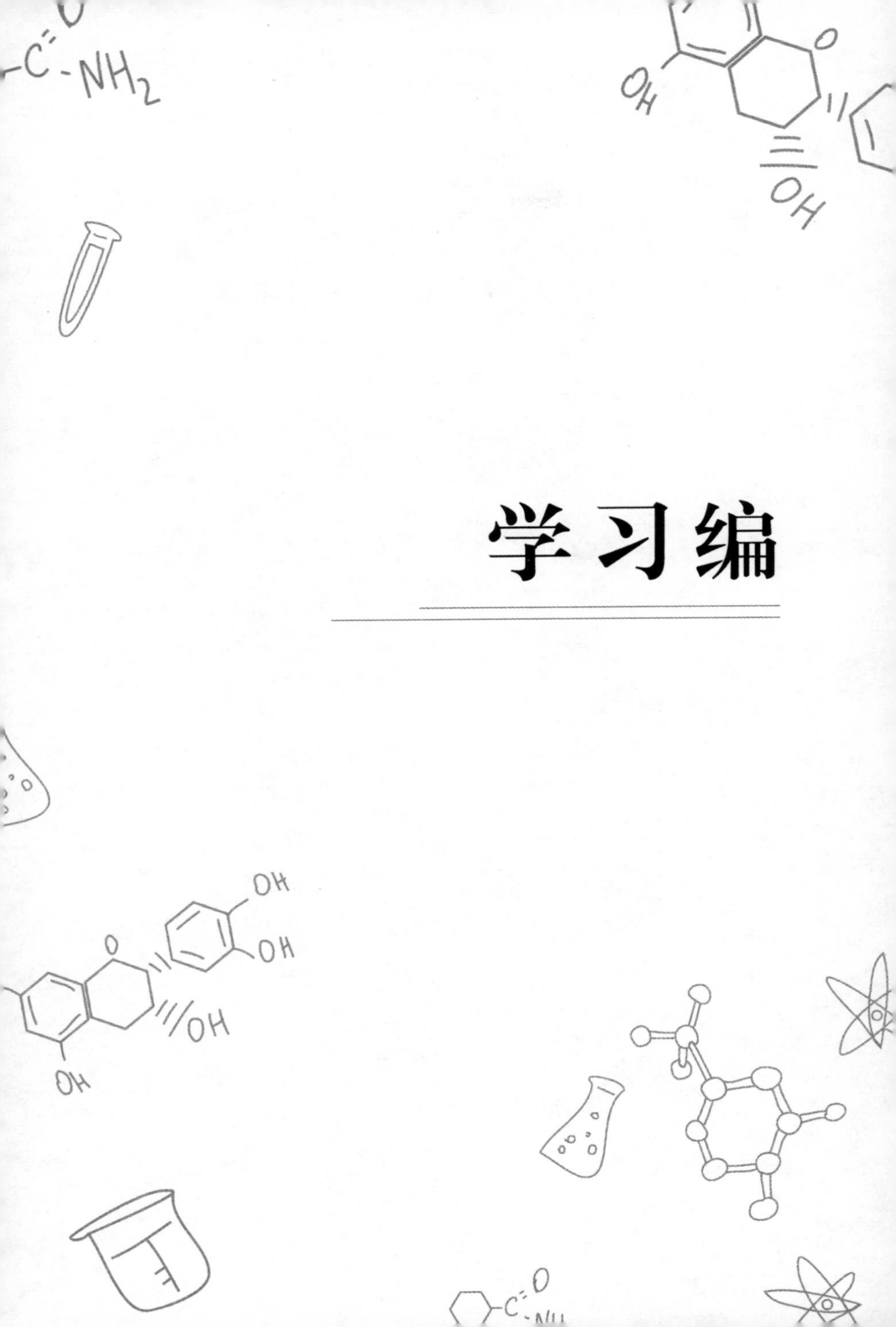

学习编

1 学习规划

1.1 概述

上大学之前，老师经常说到的一句话是：考上大学之后就没有老师督促你们天天去学习，甚至你们不交作业老师都不会再催促你们。但是，事实真的是这样的吗？当然是的。大学期间的所有时间安排都是由自己规划，除了大学课程的学习（当然有些专业也会有实验或实习）等必要的学习时间外，余下的时间以及校内的所有资源都是根据个人需求进行选择性的利用。大学的上课氛围和行动自由虽然较高中而言轻松很多，但是无故缺勤还是会影响到最终的期末成绩，保证出勤率和按时交作业是影响成绩的因素之一。

大学期间的学业压力与高中相比实在小很多，但是依旧不可以掉以轻心，虽然网络上经常流传着大学“六十分万岁”的口号。根据不同人的需求来讨论，大学不挂科是底线，因为一旦挂科就意味着在大学与好多荣誉绝缘，譬如入党积极分子、预备党员的竞选，每年的评先评优、学业奖学金的评选，甚至会失去保研的资格。即使四年一直很努力地学习，因为一门课的老师或者是课程内容使我们不感兴趣，一旦挂科即使是班级第一名也于事无补，所以一定不可以挂科，六十分是底线。最重要的是，入学一定要找辅导员或者通过查看学生手册的方式来确定获得学位证书的最低绩点。将我个人专业规定作为例子讨论，我们院系规定毕业后拿到学士学位证书的成绩最低要求是每个课程平均七十多分。这个标准意味着什么？就是即使拿到六十分的底线成绩，如果每一门都是六十分低分飘，也拿不到学位证。（大学毕业后我们会拿到两个证书，一个是大学毕业证，一个是专业的学位证。毕业证非常容易，只要保证在校期间完成四年的学习即可拿到毕业证，但是学位证是衡量四年来学习质量的标准，不同的院校有不同的标准。）

对于有意向保研的同学来说，大学的成绩可谓是至关重要的。不同院校的保研名额占比也不同，保证学习成绩是首要任务。这就意味着不能让课外活动过多地占据课余时间。有目标有选择地竞选职务和参加一些有效的社团至关重要，大二、大三期间多参加一些全国性的竞赛对未来的帮助很大，如果拿到优秀的名次就可以在最后进行加分。当然，保研的另一个要求是英语四级一定要过，很多学校将四级成绩合格作为毕业的一个标准。如果时间充裕的话，六级成绩对于保研的同学来说依然关系紧密，许多院校夏令营入营的标准就是四六级成绩合格，虽然不是所有的院校如此要求，但是排名在前、综合实力较强的院校依旧将英语水平作为参考之一。本科期间如果跟随导师在实验室有一些成果的话，如发表论文、拿到专利，都会在最后给自己的成绩加分。

1.2 时间管理

大一：明确自己的目标。课余时间多参加一些社团或组织活动，扩大自己的朋友圈。入校第一年的首要任务是把四级过了。

大二：主要任务是尽力提高学习成绩。这个学年的成绩占比非常高，适当地减少课余活动，准备六级考试，可以开始找导师进实验室跟师兄师姐做实验。学有余力的情况下准备竞赛。

大三：重点关注并准备与自己专业相关的竞赛。如果之前没有过六级的话尽力把六级过了；如果已经过了六级，根据个人情况与需求可以准备雅思考试，雅思考试不光是作为申请国外院校的衡量英语能力的标准，同时在国内也是证明英语能力的重要指标。

大四：根据自己制定的目标进行学习，主要就是考研复习以及下半学期进入实验室进行毕业设计以及完成毕业论文。

寒暑假根据自己的时间与兴趣爱好尽量多参加一些社会实践活动（大学会有相关的报名）和志愿者活动，一方面可以丰富自己的简历，另一方面可以增长自己的见闻，最重要的是志愿服务的证明时长可以为我们加分。

申请入党的时间，不同的学校有不同的标准。入党越早越好，大学期间入党的话毕业后的选择会更多。

对绝大部分的院校和专业，大一上学期是最轻松的时间段。在这个时间段内，我们就要确定未来四年的规划，找到自己感兴趣的研究方向，以及未来四年我们要参加的竞赛等。

大一下学期开始持续到大三上学期是大学四年里的核心时间段。课程相对集中，学习难度大，课程学分占比高。如果在大学期间担任班干部或者加入学生会、社团等组织无疑占用了绝大部分的课余时间。如果参加科研项目组或者竞赛活动的话，在这个时间段内是最为辛苦与忙碌的。

通常大三下学期开始大家对未来都有了自己的规划，获得保研资格的同学开始准备自己的个人简介以及必要的保研材料；有意向考研的同学也陆续确定好自己的目标院校，并且开始了指定书目的复习；有意向出国留学的同学也开始着重准备雅思考试。在此期间课程占用的时间虽然相对于之前减少很多，但是这个阶段是产生压力、焦虑心理的高发期，劳逸结合是关键，学会自我纾解情绪，不要过多地在乎他人的选择，不要轻易动摇自己的观点，确定好目标持之以恒是关键。

大四上学期保研结果基本就尘埃落定，对于考研的同学复习也进入了白热化的阶段；到了大四下学期，对于接下来的方向基本已经定型，考研上岸的同学开始准备复试，落榜的同学也开始考虑其他方向或者二战三战，保研成功的同学也已经被院校录取并且与导师取得联系，接下来的时间就是在本校或者保研院校进行相关的科研训练，着手准备毕业论文。研究生的选择也并不单一，根据不同的实际情况以及未来选择的发展方向有所差异，大致为保研、考研或申请国外院校三条路可以选择。当然本科毕业之后并非只有继续攻读研究生进行深造这一条路，还有考教师资格证和其他资格证书，在未来当教师、考公务员、选调生（要求党员和班干部）、军队文职等，或者了解咨询自己院校每年进行春招、秋招的企业，选择适合自己的企业投递个人简历直接就业。根据自己的实际情况以及志趣爱好进行一个大概的规划。

1.3 科研训练

大学的课堂不再仅仅是传授学习知识，与以往不同的是，我们还要学会根据课程内容以及结合老师的授课方式、课程讲述过程中自己课题的研究方向与内容来选择老师加入课题组进行科研，这个环节是非常必要的。对于刚刚正式接触这个领域的我们来说，所涉及的知识与方向都太过陌生，唯一选择感兴趣方向的方式可能就在于课程名字的有趣与否，这样无疑是草率且不负责任的。如果我们可以提前进入实验室了解实验的大致内容，对某个方向有一个大致的了解，我们在最后研究生方向的选择方面就会很大程度上避免因不了解相关方向被迫经受三年硕士生涯的折磨。提前加入实验室的另外一个好处就是通过对某一方向进行大致初步的了解之后，为以后研究生深造选择导师，了解其课题组研究内容夯实基础。此外，通过和师兄师姐们一起做实验之余的聊天会有意外的收获。

大学本科期间，学校还会有科研训练的活动。参加科研训练不仅仅能够锻炼科研能力、学习能力，还能提升团队间的协作以及人际交流的能力。在这个过程中还会有中期答辩以及最后的结题报告。所谓的中期答辩指的是在进度进行到一半的时间对所上报的各个项目进行评审，答辩的内容通常包括对科研内容的简介、预期达成目的以及在进行科研训练期间所取得的现阶段成果、遇到的挑战、在接下来的时间里开展的科研内容。

1.4 英语学习

在大学，英语的学习至关重要，对于大部分学校的要求是四级成绩不合格最后拿不到毕业证书并且没有保研的资格，对于考研、保研的同学来说，六级成绩的合格证书是进入优秀院校夏令营的敲门砖。除此之外，通常在大三会开设专业英语的课程，认真学习不仅可以在学期末的考试取得高分，更重要的是有助于研究生复试时现场翻译英语文献的考察环节。除此之外根据自己的实际情况，对于学有余力的同学尽早考雅思也是很有必要的，即使不考虑出国，雅思成绩在国内依旧是证明英语能力的重要标准，而且进入大学之后会有许多与国外交换、深造的机会，申请材料都需要雅思成绩证明。所以在大学期间想要变得更加优秀也并不完全是轻松的，英语的学习需要持之以恒，每天坚持听听力，阅读一篇英语短文，在微博上关注一些英语博主都是提升英语的一种手段。

根据自己多年的个人经历以及网课经验总结了一些学习英语的高效方法（仅供参考）：

学习英语、练习口语的方法（三遍法）：

第一遍看剧情，

第二遍学台词，

第三遍练配音（趣配音）。

根据个人的基础选择不同的影视作品，可以是卡通动画，也可以是《老友记》等连续剧，还可以是电影等，根据自己的兴趣爱好以及个人水平而定，练习配音可以从应用商城中寻找一个适合自己的 APP，我个人使用的是趣配音。

生活编

1 业余规划

1.1 职务介绍

刚刚收到录取通知书，大部分同学都会迫不及待地加入自己院系的迎新群，跟学长学姐询问大学生活以及进入大学之后的“注意事项”、未来的规划，群里的很多学长学姐都会积极地宣传大学学生会的各个部门，提出加入学生会是最能提升个人能力的途径。当然进入大学之后并不仅仅只有通过竞选学生会来提升能力，竞选班干部或者参加社团等方式都可以培养能力。不少同学会感到困惑，那么竞选班干部、学生会以及参加社团三者之间如何取舍呢？对于这三者的有效的选择是刚进入大学的同学们最为困惑的事情。

首先三者的侧重点不同，竞选班干部的主要交涉人群是所在班级内的同学，而加入学生会后主要的交涉人群是班级以外的同学。大学四年可能除了寝室的同学和私下关系不错的同学外，与班级的其他同学毫无交流也是正常现象。不过不是所有的班干部职位都会和班级的同学有很多的接触机会，通常班长、团支书和学习委员是一个班级的中流砥柱，平时在处理班级事务花费的时间较多，当然与班级内同学接触交流的机会也很多。竞选班干部的，在未来的大学期间民主选票评优评干甚至入党积极分子、预备党员的选举中非常有优势。班干部的主要职责就是充当班级同学与老师们的沟通桥梁。通常都是班长和学习委员直接进行沟通，团支书的一个优势就在于可以优先入党。除此之外，长远来讲，竞选班干部成功之后，基本大学四年不会发生变化，而且每学期期末的综合测评中班干部的职务会为自己的综测成绩加不少的分数，即使是选择竞选较为清闲的职务，依旧是受益颇多。

但是，进入学生会之后就不得不在大二面临选择竞选骨干或者退出，到了大三竞选更为激烈，还要考虑到和学习之间的平衡；加入学生会的优势就在于可以真真实实地提升自己的技能，规范自己的行为，当然学生会中不同部门的选择和竞选班干部的职务是相似的，学生会中有工作较繁忙的部门也有较为清闲的部门，通常实践部、信息部等更有助于提升个人能力，可掌握更多的技能。

社团往往更倾向于兴趣爱好的培养以及寻找志同道合的同学，所谓的社团培养能力往往是在竞选并担任主要职务之后正式开始的。社团的选择相较于学生会而言选择范围更广，并且可以选择自己的朋友圈。

1.2 职务选取的建议

大学期间学习成绩依旧重要。对于有意向保研的同学来说，大学的成绩可谓是至关重要的。不同院校的保研名额占比也不同，保证学习成绩是首要任务，这就意味着不能让课外活动过多地占据课余时间，有目标有选择地竞选职务和参加一些有效的社团至关重要。

在大学入党并且是班干部或者学生会主席可以在支教一年后直接申请本校的保研系统，所以入党加竞选班干部或者进入学生会对于有意向保研本校的同学来说是关键。支教保研的方式并不要求优异的学习成绩，但是要保证不能挂科。此外如果考虑到以后考选调生的话，就需要党员加学生干部。由此可见，大学期间入党会扩大毕业后的选择范围。

通常，大学期间理想职务的竞选是班干部、学生会中选一个重要职务，选一个较为清闲的职务或部门。班级内竞选重要的职务，社团选一些较为清闲的部门，这样有助于在未来评优评先时获得更多的选票。当然不可避免的是，到了大二、大三必须要考虑退学生会的情况。如果想要体验正式化阶级性的模式，就要选择一个喜欢的学生会部门，将交际重心放在学生会上，为未来竞选主席做准备。大一期间可以加入两个社团，但是进入大二之后就要考虑退出一个社团。社团的选择也是一门学问。大一期间的两个社团根据个人爱好，可以选一个感兴趣的社团，找到有相同爱好的朋友或者开始培养一个自己的爱好；另外一个就可以功利一些，选择一些对学习有帮助的社团，比如英语社团，每周会有英语角并且有机会和校内的留学生进行英语交流，提高口语水平，有时还会举行英语辩论比赛或者英语话剧表演；除此之外，还有一些关于大学生竞赛的社团，比如大学生数模社团、创新创业社团等，在社团内的气氛会更加愉悦轻松，同时可以收获知识。

2 习惯养成

2.1 引言

我们都希望自己养成良好的习惯，但经常很难坚持下去。拿每天早上按时起床作为例子。我想很多人都很难做到闹钟一响就立马起床，注意这里说的是起床。很多人都是在闹钟响的时候把闹钟按掉，继续再睡会儿，然后再按掉，再睡，直到感觉再不起就要迟到了，才罢休。当然也有很多人是在闹钟响了之后就醒来，但不是立马起床，而是开始打开手机刷微博、刷朋友圈等，把自己的时间全部浪费在了别人的世界里；也有醒来在床上刷单词、背单词。但是躺在床上背单词真的有效果吗？有多少人是这样记忆单词之后，真正把自己不会的单词记住？在背完单词之后就立马起床去洗漱并且持之以恒地坚持下去又有多少人呢？绝大多数的同学是拖延症患者。

刻意练习（Deliberate Practice），这是美国学者安德斯·艾利克斯提出的。物理化学老师经常会讲到的一句话就是我们所在的世界就是不断发生熵增过程的世界（熵增过程即体系变混乱的过程，如扑克牌），我们做的是一个熵减的过程，比如让杂乱的房间变得干净整齐，将混合的豆子分类放置等。

2.2 时间管理（Time Management）

2.2.1 时间管理的概念

要开始进行时间管理我们首先需要知道什么是时间管理，说到概念，我们一定要避开时间管理的三大误区：

(1) 时间管理就是做规划

做规划不是最重要的，只是其中的一个辅助部分。为什么这样说呢？想必绝大多数的同学都会有这样的经历：开始对时间进行管理往往是从第二天开始，时间规划是从 6 点 30 分起床直到晚上 11 点结束，中间的时间安排异常充实，但是第二天闹钟响的时候，出于本能反应关掉闹钟，等再次睁开眼睛的时候就发现已经 9 点多了，大部分的同学都会由于计划有变就放弃了这一天的行程安排，一不做二不休，今天可以再多放纵一天，明天再开始，周而复始，寒暑假就这么过去了。所以做时间规划往往不是时间管理的第一步。

(2) 时间管理就是聚焦当下

时间管理并不仅仅局限于聚焦当下，更多的是对未来有一定的规划。如果仅仅是活在当下，不对自己一天的生活进行回想即“复盘”工作的话，我们的记忆就仅仅停留在花了大量的时间，已经引起自己情绪变化的事情上，这样极容易对我们的信心予以巨大的打击。比如背单词，有些同学会花大量的时间背单词，从早上六点背到九点、十点，但是最后复习的时候会发现自己真正记住的并没有多少。这个时候很多同学就会认为是不是自己记忆力不好等等，从而产生自卑心理，甚至对这门学科产生抵触情绪。如果我们对此过程进行一个反思，就会发现一个严重的问题，那就是在背单词的过程中，三四个小时的时间我们不都是在全神贯注地背单词。很多同学开始都会很认真，之后的时间里就会开始玩手机等受外界的干扰，等时间差不多了，再背单词，没过一会儿发现已经十点了。看似自己是背了三四个小时的单词，实则真正花在背单词的时间并不多，还会影响对自己的正确认知，产生消极的情绪和想法。

(3) 拖延症 = 懒

“拖延症”并不同“懒”做等价。懒是一种态度，是对生活的自暴自弃、毫无上进、得过且过并且毫无负罪感的心态；拖延症是明确自己的目标，对未来有自己的规划，但是由于对结果的高期望或者由于主观性加大处理事情的难度以及失败后带来挫败感而产生的逃避行为，导致自己迟迟不愿意开始去做。艾力老师在网课中就曾举过一个例子，让我对此深有感触，让一个人从 A 点走到同一平面的 B 点，毫不费力地走过去了，当让这个人从同样的位置走，只不过从平地变成了 100 层楼的高度时，这个人就会犹豫，因为他知道一旦掉下去就会粉身碎骨。但是过了一会儿这个人的身后着火了，如果不过去就会被烧死，这个人也很快就过去了。之后这个人发现，走过去也并不难。案例中的火就是截止时间，而 100 层楼的高度就是我们主观给予的难度，过分地增加了失败后的代价。

所以，真正的时间管理就要包含过去、现在、未来三个维度。其中反思过去是进行科学时间管理要迈出的第一步，我们要知道时间浪费在了哪里，这样才能有的放矢，对症下药。

2.2.2 如何进行时间管理

在正确认识到时间管理之后，我们就要开始学习如何进行时间规划：

《人民日报》曾经报道了许多时间管理的方法，其中一种是北大艾力发明研究的，这是里面唯一的中国人发明的时间管理方法，即 34 枚金币法。原理如下：假设我们从早上 7 点起床，到晚上 12 点睡觉，期间一共为 17 小时，将每半个小时（即 30 分钟）定义为一枚金币，一天我们有 34 枚金币进行规划，每天晚上回想自己的 34 枚金币是如何花费的。当然 34 枚金币法仅仅是一种方法，我们可以根据自己的时间进行调整，如每天可以有 36 枚金币也可以有 24 枚金币，根据自己的具体情况而定。

具体方法如下：

第一步，找到金币（Finding the coins）

第二步，记录时间（Recording your time）

第三步，分析时间（Analyzing your time）

时间段	×年×月×日
7.00–7.30	×(做了什么事)
7.30–8.00	×(做了什么事)
……	……

* 双色法：（红色；绿色）

如果认为这件事做到了并且非常有意义，涂红色；如果认为浪费了时间，则涂上绿色。这些没有标准来衡量，完全靠主观认定。

* 五色法：（蓝色；绿色；橙色；黄色；红色）

蓝色：尽兴玩耍（Guilt Free Play）

绿色：休息（Rest）

橙色：被迫工作（Mandatory Work）

黄色：高效工作（Quality Work）

红色：拖延症（Procrastination）

刚开始的时候，大部分都是红色的，我们总是在稀里糊涂地忙着浪费时间，明明感觉一整天都在忙着学习忙着工作，但是效率很低下。但坚持下去就会发生质的改变，红色部分会越来越少。没有人不会拖延，所以我们需要终其一生去和我们自己做斗争，不断减少拖延所消耗的时间，这大概就是为什么我们常说最大的敌人就是我们自己。当然每天“复盘”花费的时间也不需要太多，每天大概睡前十分钟进行“复盘”即可。

如果忘记了某个时间段做了什么果断标红，因为只有三心二意的时间里所做的事情才是没有印象的，认认真真地做一件事情是不会没有一点印象的。

2.3 阅读习惯

养成每天阅读的习惯。提到阅读，很多人都会陷入误区，认为阅读就是读完一本书或者读完一个章节，还有一个误区是在阅读外文期刊或者文献时，确保每一个单词都要精准地认识。首先阅读可以是碎片化的，不需要规定阅读量也不需要固定时间，但是一定要坚持，哪怕仅仅读一页；其次，阅读是一个泛读的过程，不需要像做阅读理解一样咬文嚼字，特别是阅读外文书籍时，泛读是关键，遇到不认识单词直接跳过，大约读两三页再回顾，查找核心单词。何谓核心单词？核心单词是指在文章中重复出现并且对阅读理解有障碍的单词；对于人名、地名、专有名词、只出现过一次或者对阅读没有障碍可以凭借上下文推断出意思的单词不要去查，日积月累阅读的能力会大大提高，对于语言的掌握能力也会显著提高。

2.4 运动习惯

如果你有八个小时的学习时间，那么拿出一个小时的时间来运动，收效会是 7+1>8，你的学习效率会提升很多。每天坚持运动是一个好习惯，但是也有许多同学陷入误区。坚持运动并不是要求我们坚持每天六点起床去晨跑，也并不一定要达成多远的目标或者跑多长时间。我们可以选择闲下来的任何时间(保证自己的身体健康的前提条件下进行适度的锻炼)，锻炼的程度不是运动会追求速度也并不是要跑得满头大汗，而是微微出一些薄汗，保证自己的身体机能达到兴奋的状态，为更好地学习工作做准备，保证大脑清醒，如果运动过度反而会造成一天的效率低下，得不偿失。

3 竞赛活动

3.1 参加竞赛活动的意义

很多同学都很好奇，很多学长学姐都提到大学期间要多参加一些竞赛活动，而且身边的大学同学也都参加各种竞赛，那么参加竞赛的意义是什么呢?

3.1.1 提升自己的综合能力

竞赛中的知识在常规的学习中学不到，这是个事实。然而，每一门学科除了有相应的知识外更要有相应的思维方式，这也是文理科都超强的人很少的原因。思维这种东西单靠记笔记、背公式是学不来的。参加过竞赛之后做常规题目最大的不同就是有一种看得很透的感觉。别的同学只是背出来公式，而参加过竞赛的同学可以推导，可以拓展。所以说，竞赛这东西对于提升学科成绩的帮助，主要就在锻炼思维能力上。

参加比赛，我个人觉得最重要的一点就是，能学习到很多的知识，而这些知识恰恰是在课本上无法学习到的。可能你会觉得太夸张了，现在网络这么发达，什么知识搜不到。但是你知道知识在哪儿，和你有没有主动学习应用，还是差得有点远的。参加比赛，恰恰就是一个能督促你把理论应用到实践的过程。即使你可能这次比赛名次不尽如人意，但是经历过比赛，你的收获一定不止名次本身。

3.1.2 保研加分

从人才培养角度讲，推荐优秀应届本科毕业生免试攻读硕士学位研究生，是激励广大在校学生勤奋学习、全面发展的有效措施。故而保研的基本要求便是理论基础扎实，具有一定的学习能力、创新能力、科学研究能力和良好的发展潜力。毋庸置疑，科研竞赛是最能体现学生各方面能力的综合指标，团队型比赛不仅在学生学术能力上有要求，在处理队内关系、互相交流方面也需要做到很好。

3.1.3 丰富简历，考研复试加分

从个人角度讲，保研是对自己在学术道路上是否有潜力的最好的证明。光从课本上学习知识已经无法适应信息变化迅速、科技更新飞快的时代。参加科研竞赛拓宽了我们的眼界，让我们在竞争的同时学习如何将知识与生活结合，接触新的工具、算法等。而且，很关键的，竞赛的获奖是对你科研实力的最好的证明之一，无论你是保研还是日后找工作等，这都将会

为你“加金”。

3.2 竞赛活动的选择

想参加竞赛是好事，能参加竞赛是本事，参加哪些竞赛就是我们要考虑的事了。本科学业也是较为繁重的，参加课外竞赛肯定是会耽误课业学习时间的，那么如何平衡这个时间呢？众所周知，能用来参加竞赛的时间总是有限的，那如何在这个有限的时间里取得最好的竞赛成果？

首先，我们要看自己的专业，和专业对口的比赛是我们最需要的比赛，也是性价比最高的比赛。比如经济金融等的尖峰时刻商业模拟大赛，挑战杯创业大赛；计算机软件等的 ACM 程序设计大赛，计算机博弈大赛；电子电气的全国大学生电子设计大赛；自动化的西门子挑战杯等比赛，都是要看是否能对自己专业领域有一定证明力。同时，通过这些比赛的进行也会对专业知识的学习有一个反哺，可以让自己加深对专业知识的理解。

其次，我们在追求保研的同时可以有针对性地参加比赛，这其中最主要的还是针对保研加分政策与意向学校重视程度，比如说像挑战杯、建模国赛、电子设计大赛等含金量较高而又与课题相关的可以多努力一下，而像美赛建模等含金量较低、获奖较为容易的比赛则不需要过多准备，只要在出题之后好好做就够了，否则有点得不偿失。当然，如果只就保研而言，对应政策内性价比较高的比赛去做则是最好的。就是说，加分高的一般含金量都较高，获奖较难，获奖简单的一般则加分较少，如何衡量自己要细细考虑。

3.3 竞赛经验分享——挑战杯

3.3.1 选题立项

首先，要注意观察生活，用心发现。在生活中会遇到各种各样的问题或是需要改进的地方，而科学技术是为人类生活服务的，在这样的基础上提出的创意就具有很强的实用性。要注意的是，你的创新要有必要性。有的产品在市场上已经很完善了，你又对它进行改动，你觉得是创新，其实是没有必要的。

其次，社科类的项目，应尽量选择具有社会意义的题目。挑战杯的一个重要评分标准就是市场价值。另外，如果是比较受社会关注的项目，在答辩时也比较能吸引评委注意力，给评委留下深刻的印象。而科技发明类项目一定要注意研究的科技含量。挑战杯的一个宗旨就是崇尚科学。在技术上尽量研究前沿课题。如果可以掌握项目的自主知识产权，就会使你的项目更加引人注意。

再次，要充分利用已有的资源。例如学校优势、以往的参赛者经验。如果学校有自己的强势学科或一些很有建树的教授，那么结合学校的学科优势，对你的项目会有很大的帮助。

中南大学的项目就结合了自己学校工科的优势，特别是矿业研究方面的领先性。农林类的学校可以考虑一下生态农业，师范类的学校可以往心理学或教育学等方向思考。中南民族大学则可以考虑法律、民族方面的问题。如果学校里有学长学姐已经参加过比赛，可以向他们请教经验，最好能要到他们当初的作品。因为这些材料都是保密的，正常情况下很难看到。

3.3.2 团队组建

参加“挑战杯”比赛一定要得到学校和周围人的支持。如果你的学校是名校，指导老师又是业界很有名气的专家，那么对你参加比赛无疑是有帮助的。同时，对于一些比较先进的科技发明最好申报集体项目，依靠集体的力量做出的作品，更加容易让评审专家信服。在队员选择上要注意优势互补。每个人都有自己的优势，让他负责最能发挥自己特长的工作，才能使团队效用最大化。

一定要团结。也许你会觉得，队长还不如其他成员优秀，但是要记住“成为一个好的领导者之前，首先要成为一个好的追随者”！优秀的人不一定是最适合的，尤其是那些没有时间观念和合作意识的人。

队长最好是既强势又民主的，强势可以让队员服从并有效地完成任务。队长可以制作一个监控工具，例如：甘特表，这样队员就能明白自己如果没有完成工作对别人会有什么影响。

而民主可以了解各个队员的想法，使团队更加团结。

3.3.3 申报材料

在终审决赛中，真正决定获奖名次的是交给大赛组委会的参赛作品申报书和申报材料。所以撰写申报书和申报材料是十分重要的。

申报材料一定要简洁明了，因为你不能保证看你材料的专家刚好就是你这个项目方向的专家。所以，再复杂的科技也要想办法解释得浅显易懂。写得太复杂，即使是正确的描述也有可能会被评审专家认为有虚假卖弄的嫌疑。科技发明类的材料中一定要有产品的照片。如果产品外观不美观就将照片处理一下，产品在外观上给专家留下不好的印象很有可能会影响到你的名次。

3.3.4 心态调整

要做好长期战斗的心理准备。挑战杯的时间跨度长，中间会遇到各种各样的困难，要连夜工作，要牺牲大量课余时间，有时快要完成，转眼又要开始。总之，队员们要互相鼓励，认真准备，坚持就是胜利。

一个人做事的态度比能力重要，态度决定一切，特别是队长。领导并不是简单地指手画脚，再好的创意也只是一个想法，一定要有行动。

要知道，在这种靠主观判断来决定结果的比赛里 100%的公平是做不到的。所以参赛选手都要将心态调整好，不要把结果看得太重。只要尽了自己最大的努力，你就是个成功者。

3.3.5 关于答辩

“挑战杯”的终审决赛并没有答辩。通常奖项的归属在决赛之前已经初步决定了。终审答辩只是给参赛选手一个交流的平台。而省级决赛中，答辩的时间很短，基本上作者陈述不超过 10 分钟，问辩不超过 10 分钟。超时将扣除最后得分 10 分。也就是说，你要在几分钟的时间里将准备了一年的作品讲解得很清楚，所以 PPT 要突出重点和主题。有实物的话，一定要现场演示，把最优秀的一面展现出来。

3.4 竞赛经验分享——数学建模

3.4.1 合理的队员组合

这点是获奖的基础，所有队员都必须具备较好的数学和计算机基础，其中应该有个队员有较好的应用数学思维，能够分析清楚问题的来龙去脉，然后将问题和数学方法联系起来，从而建立求解问题的数学模型。还要有个编程能力比较强的，熟悉常见算法，有较丰富的 Matlab 等语言编程经验的队员。另外就是要有个科技论文写作强的，能够将做的模型和求解方法表达清楚。这里面，队长的作用相当大，队长的综合协调能力一定要高，所谓“兵熊熊一个，将熊熊一窝”，所以这个队长很重要，要能够根据个人的特点组成一支人才搭配合理的队伍。

3.4.2　充分的准备和训练

兵家有云，不打无准备之仗。对于建模比赛来说，也一定要做好充分的准备，我一般都是提前一年选择好队友，然后我们自己训练。我觉得熟悉常见的模型和建模方法很重要，有些问题一看到就知道用什么方法求解了。所以要多积累一些常见的建模案例，逐渐培养建模的悟性，等到量变到质变的时候，就会有种豁然开朗、游刃有余的感觉。我的一个出色的队友，接触一年的数学建模后，说他现在思路特别开阔，有种“思接千载，神游万里”的感觉。我想这是真的，因为有时我也有这种感觉。另外就是一般高校都有建模竞赛集训，这种方式有利于提高建模竞赛水平。我第一次参加集训是大一暑假，第一篇论文写了 2 页，就像是解应用题，实在是没内容写；第二篇论文就写了 8 页，有点东西了，以后逐渐有思路了。当然学校的集训是种强化训练方式，需要有点基础和准备。训练的好处一是增加建模经验，二是提高编程水平，三是磨合队友之间的关系，四是拓展思路和积累经验。

3.4.3　重视建模论文的模板和技巧

建模论文是最后决定是否获奖的关键，一定要有这方面的意识，并重视它。我这样说的一个原因是有的队总重视模型和算法，花三天的时间在建模和编程上，到最后只有几个小时的时间写论文，可想而知，这样的论文能写好吗？即使模型再好，算法再好，结果再准确，论文里面没有体现出来，别人也不知道。数学建模论文有它固定的规范，一般都至少要包含问题、假设、模型、求解、结果和评价。另外还可以有其他一些内容，如稳定性分析、参数灵敏度分析等。只要平时多看几篇建模论文，就基本上知道如何去写建模论文了。最重要的还是作者的文字能力和逻辑能力，要能够将整个建模和求解过程在模板的基础上按照一定的逻辑清晰地表达出来。所以在组队的时候一定要确保有一名能将论文写好的同学。

3.4.4 合理的时间安排

建模比赛有一定的时间限制，如何充分利用有限的时间对是否能取得好成绩也至关重要。我见过一些队，选题选了一天，讨论了一天， 最后一天建模型和编程，这样一来，实际上做事的时间就一天，可想而知，这样的时间安排就是相当不合理了，取得好成绩的可能性也小了。以前我们队参赛的时候，我们就定了进度表。1 小时内要确定选哪道题， 第一天要建好数学模型并确定求解的方法，通常一个上午这些工作都完成了。我们实际上将所有的时间资源都花在有效的事情上，所以我们做起来就轻松多了。到第三天的晚上，就修改和排版论文了。当然时间的安排和分工是要保持一致的，这也就要求队长必须具备较好的协调、组织和进程控制能力。关于时间和进程的管理问题，也是一门学问， 将在下一个小节就建模团队的项目管理和时间管理问题，再说明这方面的内容。

3.4.5 勇争第一的意识和勇气

建模对队员的意志力要求也比较高，学习和参加建模比赛的过程应该说是比较辛苦的， 要能够安下心来看那些看不懂的知识。在训练和比赛中，也会经常遇到那种无从下手的问题，如果调节能力不好的话，说不定人就会被逼疯。但经过一段时间后，也许你就会有种意识。时间会改变一切。我也会经常遇到无从下手的问题，可是三天三夜的时间过去后，我们依然是解决了所有的问题，这里面就需要我们坚持。我就喜欢我的队友们能发现问题， 我们很多次的进步都是在发现问题，并在努力解决之后取得的。因为没有问题，就不会强迫你去思考，所以也就不会有质的飞跃了。另外一点就是要有信心，相信自己能做好。我第一次参加全国比赛只获得省二等奖，之后我“闭关”1 个月，分析为什么人家的模型是国家一等、二等奖，而我只是省二等奖？突然有一天，豁然开朗，茅塞顿开，然后就觉得，以后必然能达到国家一等奖的水平，所以在随后的比赛中，就有了必胜的信心。

3.5 大学生竞赛汇总与介绍

(1) 全国大学生结构设计竞赛

全国大学生结构设计竞赛是由教育部、财政部首次联合批准发文的全国性 9 大学科竞赛资助项目之一，目的是为构建高校工程教育实践平台，进一步培养大学生创新意识、团队协同和工程实践能力，切实提高创新人才培养质量。

（2）全国大学生机械创新设计大赛

全国大学生机械创新大赛是经教育部高等教育司批准，由教育部高等学校机械学科教学指导委员会主办，机械基础课程教学指导分委员会、全国机械原理教学研究会、全国机械设计教学研究。

（3）全国大学生工程训练综合能力竞赛

全国大学生工程训练综合能力竞赛是教育部高等教育司发文举办的全国性大学生科技创新实践竞赛活动。是基于国内各高校综合性工程训练教学平台，为深化实验教学改革，提升大学生工程创新意识、实践能力和团队合作精神，促进创新人才培养而开展的一项公益性科技创新实践活动。

（4）全国大学生电子设计竞赛

全国大学生电子设计竞赛（national undergraduate electronics design contest）是教育部、工业和信息化部共同发起的大学生学科竞赛之一，是面向大学生的群众性科技活动。目的在于推动高等学校促进信息与电子类学科课程体系和课程内容的改革。

（5）全国大学生智能汽车竞赛

全国大学生“飞思卡尔”杯智能汽车竞赛起源于韩国，是韩国汉阳大学汽车控制实验室在飞思卡尔半导体公司资助下举办的以 hcs12 单片机为核心的大学生课外科技竞赛。组委会提供一个标准的汽车模型、直流电机和可充电式电池，参赛队伍要制作一个能够自主识别路径的智能车，在专门设计的跑道——H 自动识别道路行驶，最快跑完全程而没有冲出跑道并且技术报告评分较高为获胜者。

(6) 全国大学生物流设计大赛

全国大学生物流设计大赛英文名称：national contest on logistics design by university students（ncold），是由教育部高等学校物流类专业教学指导委员会和中国物流与采购联合会共同举办的一项面向全国大学生的大型物流教学实践方面的竞赛活动，是教育部实施“质量工程”中的几项专业设计大赛之一。

(7) 全国大学生数学建模竞赛

全国大学生数学建模竞赛创办于 1992 年，每年一届。目前已成为全国高校规模最大的基础性学科竞赛，也是世界上规模最大的数学建模竞赛。2018 年，来自全国 33 个省 / 市 / 区(包括香港、澳门和台湾) 及美国和新加坡的 1449 所院校 / 校区、42128 个队（本科 38573 队、专科 3555 队）、超过 12 万名大学生报名参加本项竞赛。

(8) 全国大学生广告艺术大赛

全国大学生广告艺术大赛（大广赛）——中国最大的高校传播平台，是由教育部高等教育司指导、教育部高等学校新闻传播学类专业教学指导委员会、中国高等教育学会广告教育专业委员会共同主办，中国传媒大学、全国大学生广告艺术大赛组委会承办的全国高校文科大赛。

(9) 全国大学生“挑战杯”中国大学生创业计划大赛

“挑战杯”全国大学生课外学术科技作品竞赛（以下简称“挑战杯竞赛”）是由共青团中央、中国科协、教育部、全国学联和地方省级政府共同主办，国内著名大学、新闻媒体联合发起的一项具有导向性、示范性和群众性的全国活动。挑战杯系列竞赛被誉为中国大学生科技创新创业的奥林匹克会，是目前国内大学生最关注、最热门的全国性竞赛，也是全国最具代表性、权威性、示范性、导向性的大学生竞赛。

(10) 全国大学生创新创业大赛

2018 年 11 月 25 日，首届能源“智慧·未来”全国大学生创新创业大赛在青岛西海岸中国石油大学（华东）举行。来自北京大学、清华大学、上海交通大学等 91 所高校的 220 项参赛项目入围全国总决赛。

以下对参加部分竞赛活动作了时间安排：

项目	报名	决赛
全国大学生工程训练综合能力竞赛	2018 年 10 月	2019 年 5 月
“挑战杯”全国大学生课外学术科技作品竞赛	2018 年 11 月	2019 年 10 月
全国大学生智能汽车竞赛	2018 年 11 月	2019 年 8 月
全国大学生交通科技大赛	2018 年 11 月	2019 年 5 月

续表

项目	报名	决赛
全国大学生电子商务 “创新、创意及创业”挑战赛	2018 年 12 月	2019 年 7 月
美国大学生数学建模竞赛	2019年1月24日前 （美国东部时间）	2019年1月24日–28日 （美国东部时间）
ACM 国际大学生程序设计竞赛	/	2019 年 3 月
中国“互联网 +”大学生创新创业大赛	2019 年 3 月	2019 年 10 月
全国大学生广告艺术大赛	2019 年 3 月	2019 年 9 月
全国大学生节能减排社会实践 与科技竞赛	2019 年 4 月前	2019 年 8 月
全国大学生机械创新设计大赛	2019 年 4 月	2019 年 7 月
全国大学生结构设计竞赛	2019 年 4 月	2019 年 10 月
全国大学生数学建模竞赛	2019 年 5 月	2019 年 9 月
“外研社杯”全国英语演讲大赛	2019 年 5 月	2019 年 12 月
全国大学生化学实验邀请赛	2019 年 7 月	2019 年 10 月
“挑战杯”中国大学生创业计划表	2019 年 10 月	2019 年 11 月

一月：

中国辩论学院辩论赛（CDA）

美国大学生数学建模竞赛（MCM/ICM）（有时 2 月）

全国大学生广告艺术大赛

全国大学生桥牌锦标赛（持续到 7 月）

三月：

中国高校计算机大赛

全国金融与证券投资模拟实训大赛

“CCTV 杯”全国英语演讲大赛（有时 4 月）

全国三维数字化创新设计大赛

“郑明杯”第五届全国大学生物流设计大赛（持续到 4 月）

四月：

中国大学生计算机设计大赛

上海国际辩论公开赛

2018 年全国大学生英语竞赛（初赛）

全国大学生焊接创新大赛

全国大学生节能减排社会实践与科技竞赛

全国大学生物流设计大赛

全国高等医学院校大学生临床技能竞赛（持续到 5 月）

五月：

全国高校物联网应用创新大赛

“蓝桥杯”全国软件和信息技术专业人才大赛

全国大学生机械产品数字化设计大赛

“外研社杯”全国英语演讲大赛

2018 年全国大学生英语竞赛（决赛）

周培源大学生力学竞赛

RoboCon 全国大学生机器人大赛（持续到 8 月）

MathorCup 全球大学生数学建模挑战赛暨 CAA 世界大学生数学建模竞赛

六月：

全国大学生工程训练综合能力竞赛

全国三维数字化创新设计大赛

“中金所杯”高校大学生金融及衍生品知识竞赛

七月：

中国机器人大赛

2018 年“网中网杯”大学生财务决策大赛

全国大学生电子商务“创新、创意及创业”挑战赛

“中国创翼”青年创业创新大赛

中国高校计算机大赛

“英飞凌杯”全国高校无人机创新设计应用大赛

RoboCup 机器人足球世界杯

全国大学生先进成图技术与产品信息建模创新大赛

全国大学生机械创新设计大赛

“AB 杯”全国大学生自动化系统应用大赛

全国口译大赛（英语）

中华全国日语演讲大赛

全国大学生金相技能大赛

全国大学生管理决策模拟大赛

八月：

中国“互联网+”大学生创新创业大赛

全国大学生智能汽车竞赛

全国大学生电子设计竞赛

全国大学生物联网创新应用设计大赛

中国大学生计算机设计竞赛

全国大学生智能互联创新大赛

中国大学生计算机博弈大赛

全国大学生信息安全竞赛

“中国软件杯”大学生软件设计大赛

“华为杯”中国大学生智能设计竞赛

“西门子杯”中国智能制造挑战赛

全国大学生节能减排社会实践与科技竞赛

“飞思卡尔杯”全国大学生智能汽车竞赛

“UIA-霍普杯”国际大学生建筑设计竞赛

九月：

“英特尔杯”全国大学生软件创新大赛

全国大学生数学建模竞赛

全国大学生市场调查与分析大赛

全国高校无机非金属材料基础知识大赛

“挑战杯”中国大学生创业计划竞赛

中国机器人大赛

全国高校景观设计毕业作品展
“郑商所杯”全国大学生金融模拟交易大赛
全国大学生先进制图技术与技能大赛
十月：
ACM 国际大学生程序设计竞赛
中国大学生程序设计竞赛
CCF 大学生计算机系统与程序设计竞赛
全国高等学校给排水相关专业在校生研究成果展示会
全国高校企业模拟经营沙盘对抗赛
“创青春”全国大学生创业大赛
“挑战杯”中国大学生创业计划竞赛（大挑）决赛
微软“创新杯”编程大赛
全国大学生数学竞赛（持续到 3 月）
全国大学生结构设计竞赛
十一月：
中国大学生 ICAN 物联网创新创业大赛
华北五省（市、自治区）及港澳台大学生计算机应用大赛
东北亚国际英语辩论公开赛
“永旺杯”多语种全国口译大赛
APMCM 亚太地区大学生数学建模竞赛
“挑战杯”中国大学生创业计划竞赛（小挑）决赛
全国大学生电工数学建模竞赛

"恩智浦杯"全国大学生智能汽车竞赛（持续到 3 月）

十二月：

"外研社杯"全国英语写作大赛

全国失效分析大奖赛

"新道杯"全国大学生创新会计人才技能大赛

全国计算机仿真大奖赛

阿里巴巴天池大数据竞赛（总决赛复赛）

成果编

1 科研成果

1.1 金属有机化学

1.1.1 背景介绍

金属有机化学是一门在无机化学和有机化学的彼此相互影响中逐渐发展起来的交叉学科，广泛地应用于材料科学、制药工业、石油工业等领域。它冲破了无机化学与有机化学的界限，使得它们紧密地融合在一起，成为一门全新的前沿学科，而且它与很多相邻学科都能密切地联系起来。

金属有机化学最早的研究成果是1827年丹麦化学家William Christopher Zeise合成的化合物K［$PtCl_3$（CH_2=CH_2）］，自此，金属有机化学正式开始以一门新兴的研究学科的身份出现在世人面前。金属有机化学的出现，打破了传统上科学家对于有机化学和无机化学的界定，将性质稳定、应用广泛的无机金属原子与庞大繁复、可塑性极强的有机结构完美结合，在之后的一百多年中，主族元素金属有机化学的研究有了很大的进展。它的快速发展是在20世纪50年代，Wilkinson、Woodward和Fischer合成了具有夹心结构的二茂铁，为过渡金属有机化合物开辟了新的领域。1954年，Wilkinson和Birmingham合成了三茂稀土金属化合物，这是第一次成功地得到稀土金属π－络合物。随着二茂铁的合成及其结构的确定，由于其在烯烃催化聚合、燃料和新型材料添加剂、医药制剂等领域的广泛应用，特别是在烯烃的催化聚合方面显示出的前所未有的杰出催化能力，使得正处于现代材料科学急速发展而对新材料极度渴求的人们对功能性金属有机配合物的研究产生了极大的兴趣。

在对金属有机化学的大量研究过程中，不仅合成了一系列结构新颖、性质突出、应用广阔的金属有机配合物，更促进了化学在合成、催化、结构、生物以及材料领域的发展和融合。随着各国化学家对金属有机化学学科的青睐以及大量独特的金属有机配合物的面世，促进了现代有机化学与无机化学理论的发展和创新，也开启了人们将金属有机化学作为一门独立的前沿学科的研究热情。

经过了几十年的发展，到今天，金属有机化学在材料合成、燃料、石油化工和医药制剂等领域中发挥了特别重要的作用。

在这几十年的发展中，随着不同的金属原子在不同的催化领域所展示出的不同的催化能力被发现，中心配位金属原子也从最初的如铁、锆等，慢慢扩展到很多其他的主族金属、过渡金属、稀土元素以及类金属原子。而且出现以茂类金属有机化合物作为主催化剂催化烯烃的聚合反应，这些聚合催化反应中所表现出的优势在于，合成的聚烯烃材料具有良好的立体选择性和应用性能。但是，茂类金属化合物由于其合成工艺的复杂、较高的成本及国外对茂类金属催化剂严苛的专利保护，使其在研究和工业化生产中的发展受到了严重的限制。

为了突破这种限制，各个国家的化学家开始寻求并研制可以取代茂环的新型有机配体。于是发展出了氧杂配体、氮杂配体等多种新型配体（见图 1–1）。

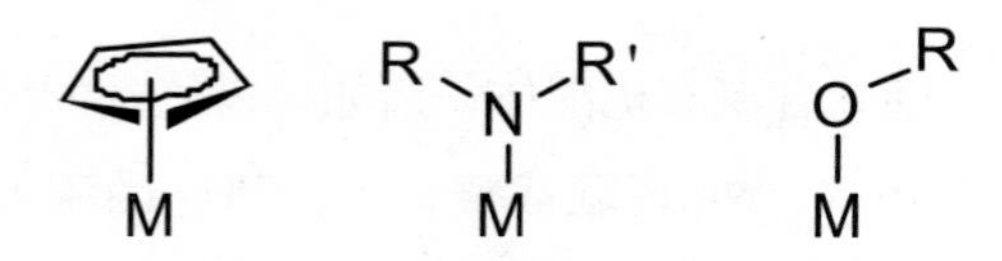

图 1–1　不同配位点的金属有机配合物

近 30 年来，人们对以 O 或 N 原子为配位点的配体的研究产生了极大的兴趣，通过不断的探究，含氮配体逐渐发展出多种不同的配体，如胺类、亚胺类、脒基、胍基、β – 二亚胺类等（见图 1–2）。

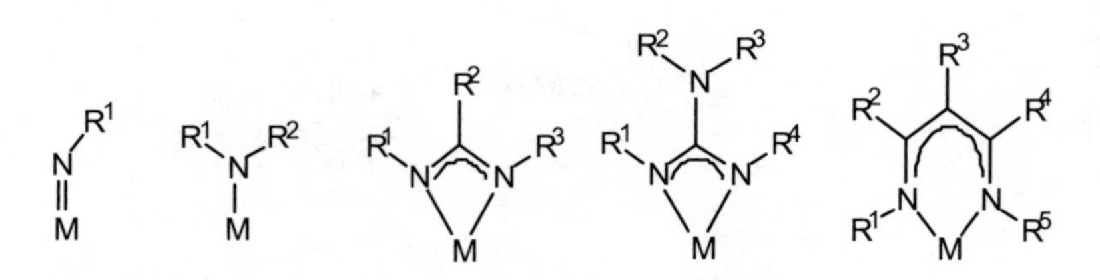

图 1–2　不同类型的含氮有机配体

在茂类含氮金属有机配合物的研究中，氨基吡啶作为一种十分重要的胺基配体越来越受到广大研究者的关注。其实，对吡啶类配体的研究并非近期才开始的。1974 年时，已经有实验小组成功地用不同的锂试剂与 2- 甲基吡啶反应，并得到相关化合物。在我们研究所用的化工原料中，胺基取代的吡啶衍生物占有十分重要的地位。与甲基取代吡啶相比，胺基取代的吡啶衍生物在医药研发、催化剂的制备、高分子材料的应用、农药的配制等实际应用领域拥有十分广阔的应用前景。

近年来，随着含氮有机配体，诸如单齿氨基配体、氮杂烯丙基配体，双齿 N，N- 桥联或螯合配体研究的深入，胺基取代的吡啶衍生物吸引了众多研究者的注意。William Clegg 带领的实验小组，成功地合成了一系列 2- 三甲基硅基 - 胺基吡啶类金属有机化合物。具体见图 1–3。

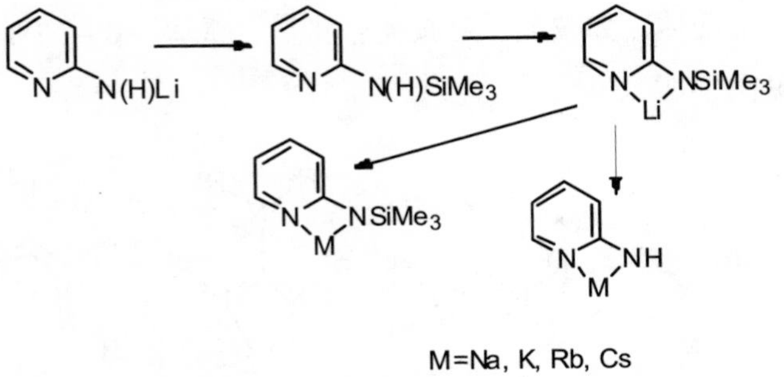

图 1–3　氨基吡啶配体

Rhett Kempe 的实验小组，由 4- 甲基 -2- 氨基吡啶出发，合成了一系列的过渡金属化合物，见图 1–4。

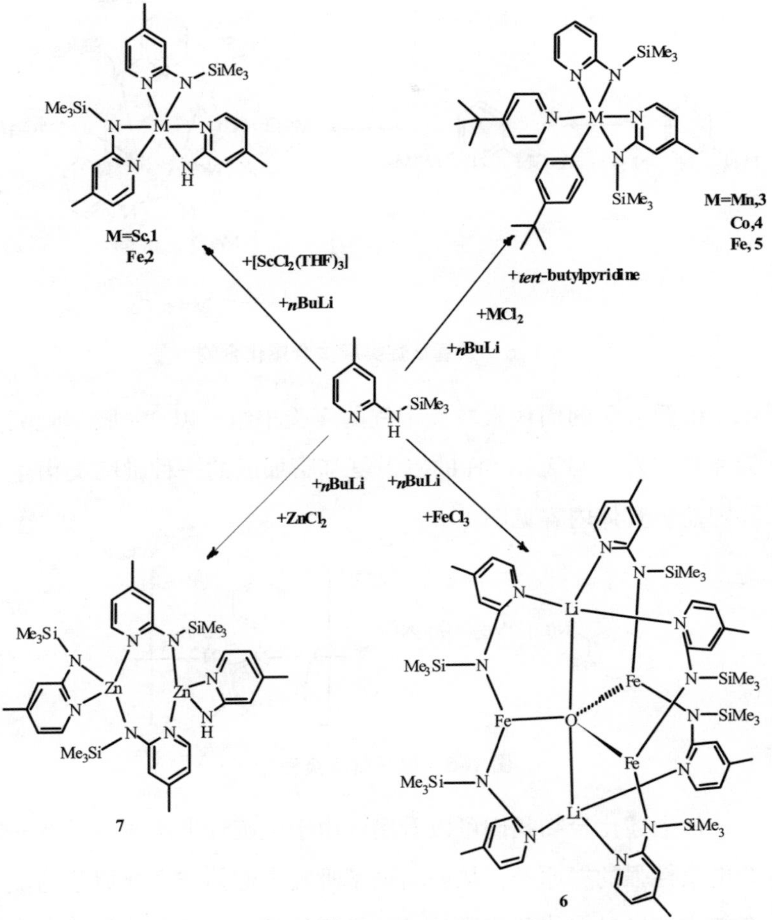

图 1–4　氨基吡啶类过渡金属化合物

山西大学的郝俊生教授带领的实验小组，以 2，6– 二胺基吡啶为原料，合成了一系列相关的金属配合物。具体见图1–5。

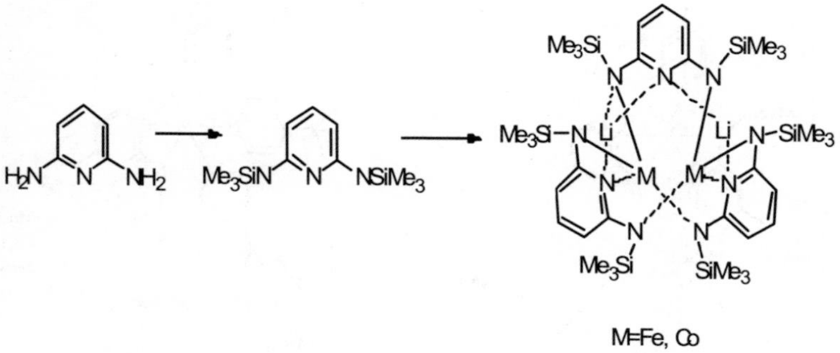

H_2N N NH_2 → Me_3SiN N $NSiMe_3$ → Me_3Si N N $SiMe_3$ N Me_3Si–N Li Li N–$SiMe_3$ N M M N N N Me_3Si $SiMe_3$

M=Fe, Co

图 1–5　氨基吡啶类配体金属化合物

山西大学的周梅素教授带领的实验小组，以 2 – 胺基吡啶为原料出发，与无 α –H 的二甲氨基腈加成的一种吡啶类衍生物锂盐。具体内容见图 1–6。

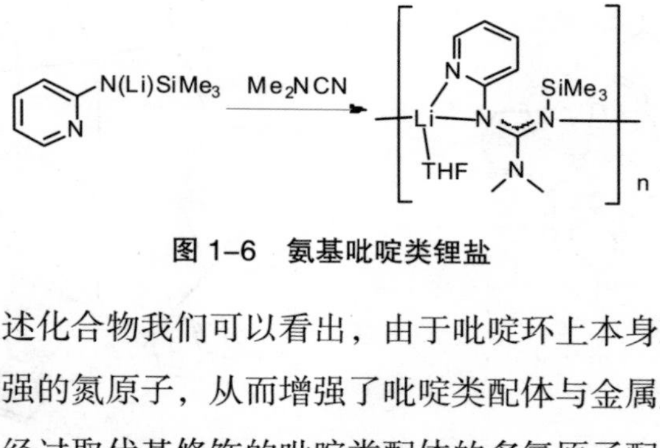

N N(Li)$SiMe_3$ — Me_2NCN → [N Li N $SiMe_3$ N THF N]n

图 1–6　氨基吡啶类锂盐

从上述化合物我们可以看出，由于吡啶环上本身就带有一个电负性强的氮原子，从而增强了吡啶类配体与金属原子的配合能力，经过取代基修饰的吡啶类配体的多氮原子配位具有很多优势，其优势主要体现在所得化合物的配位结合形式以及空间立体构型的多样性。当吡啶上带有其他的基团如氨基时，配位结合形式更多，形成了更多的、具有多种配位结构的化合物。

吡啶类衍生物分子结构内具有共轭大 π 键，其不但是好的生色基团，而且它们的自由电子在与金属离子的碰撞中有能量传递。正是因为它们具有 π 吸电子诱导效应和 σ 给电子诱导效应，所以吡啶衍生物很容易地与多半的过渡金属配位，而且配位性能相当好。氨基吡啶是一种特别重要且有代表性的吡啶衍生物，也是一种好的胺基配体。近几年来，由氨基吡啶合成的化合物越来越受到人们的关注。氨基吡啶衍生物在催化剂的制备、医药研发、农药配制、高分子材料等应用领域有着非常广阔的前景。

自从 1974 年 Sehwartz 首次合成出第一个有机锆化合物 $CP_2Zr(H)Cl$，并将其作为继二茂铁之后另一种新的有机合成试剂，展开了对其结构和性质的研究。其后几十年，随着有机锆化合物种类的增多，人们对有机锆化合物的研究逐渐由有机合成转移到了催化领域。人们发现，含锆化合物在不饱和烃如烯烃、炔烃的催化加氢、催化聚合，以及吡啶等稳定化合物的消除、活化、氢解等反应中具有良好的催化效果。由于锆化合物作为催化剂时具有稳定性好、选择性好、产率高等优点，研究者对于含锆有机化合物的研究十分活跃。

随着众多学者对第四副族金属的茂类催化剂研究的加深，以及对非茂金属催化剂研究的不断推进，合成了众多的 β－二亚胺类锆化合物，如 Bruce M.Novak 带领的实验室研究人员在低温条件下合成了一系列不同取代基修饰的 β－二亚胺类锆化合物，其合成路线如图 1–7 所示。

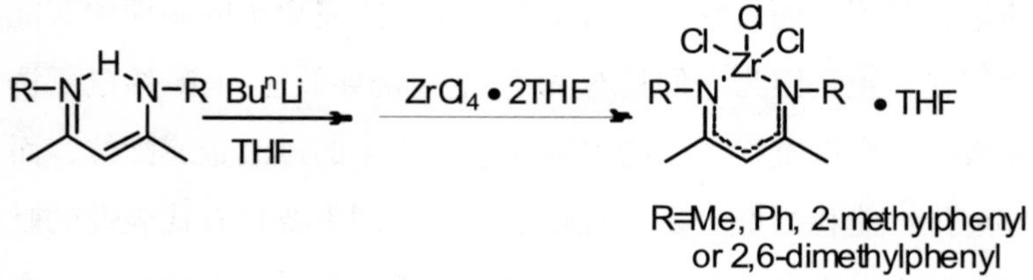

R=Me, Ph, 2-methylphenyl or 2,6-dimethylphenyl

图 1–7　不同取代基的 β – 二亚胺类锆化合物

在实际的催化烯烃聚合运用领域，β – 二亚胺类锆化合物也便显出了十分出众的催化能力。Budzelaar 带领的实验小组，合成出以苯基作为取代基的 β – 二亚胺锆盐（图 1–8），在催化乙烯聚合时，显示了较高的催化活性，达到了 10^5g PE·mol^{-1}·h^{-1}。

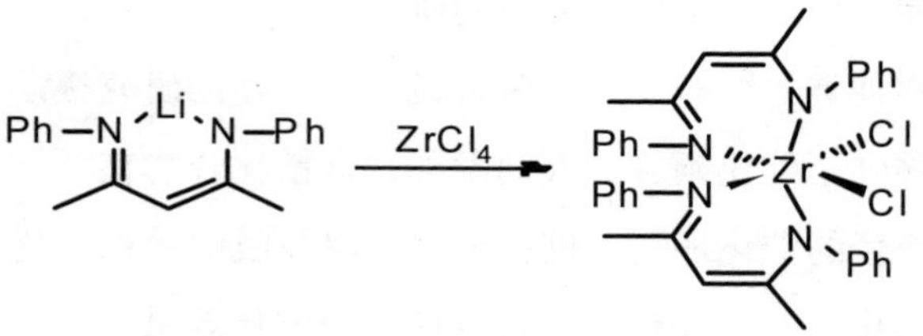

图 1–8　苯取代 β – 二亚胺类锆化合物

过渡金属有机配合物的研究就是在其晶体结构和催化性能两个因素的相互作用下迅速发展的，大家为了研制出高催化性金属有机催化剂而设计出更多构型新颖的金属有机配合物，在对所得配合物的催化效果进行研究后，又继续指导下一次对新的金属有机配合物结构的设计。总之，对寻找新的配体，并使之与不同的过渡金属结合从而设计出结构新颖、催化效果明显的、新的过渡金属有机配合物成为大家研究工作的目标和动力之一。

我们实验小组的研究方向主要以吡啶胺类衍生物2-氨基吡啶、六甲基二硅胺的衍生物（$2-C_5H_4N$）N（H）$SiMe_3$出发，与等摩尔量的Bu^nLi反应后，分别与不同摩尔比的无α-H的二甲基氨基腈和哌啶腈发生加成反应，生成不同的氨基吡啶基有机配体，再分别与不同金属（Zr、Hf）制的无水盐发生复分解反应，将所得金属有机配合物培养单晶，并对其化学、物理性质做一定程度的分析和研究。将所得到的晶体借助X-ray单晶衍射、核磁共振（NMR）及元素分析和熔点测定等手段对其进行详细的表征，还可以通过改变助催化剂含量、反应温度、反应时间等方法对化合物在乙烯催化聚合反应中的催化活性进行了探究。

我们的项目申报了山西大学第十八期科研训练活动，不仅在知识上获得了很大的丰富，而且很大程度上增强了团队意识以及团结协作的能力，还对化学学科的了解程度不断加深，提前适应了科研生活。不仅在技能上获得提高，还能找到自己在科研领域的优势所在，明确自己未来的方向以及研究的领域。

1.1.2　原料及试剂的纯化

实验所用试剂均为分析纯，二甲氨基腈、哌啶腈、2-氨基吡啶、三甲基氯硅烷、苯胺、六甲基二硅胺以及正丁基锂

（2.2mol/L 的正己烷溶液）均采购自 Alfa Aesar 试剂公司。乙醚（Et_2O）、甲苯、四氢呋喃（THF）经由钠丝干燥数日后，于氮气氛中，经二苯甲酮与钠丝一同回流至蓝紫色后蒸出使用；二氯甲烷（CH_2Cl_2）于氮气氛中，先经五氧化二磷回流 24h 后蒸出，转入氢化钙中继续回流 24h 后蒸出使用；正己烷（Hexane）经由钠丝干燥数日，于氮气氛中，与钾钠合金一同回流 48h 后蒸出使用。乙醚在预处理玻璃瓶中经由钠丝干燥数日后，倒入装有钠丝和二苯甲酮的回流瓶中，于氮气氛中，回流至蓝紫色后蒸出即可使用。正己烷在预处理玻璃瓶中经由钠丝干燥数日后，倒入装有钾钠合金的回流瓶中，于氮气氛中，回流 36h 后蒸出即可使用。

1.1.3　分析仪器及实验条件

测定晶体结构使用的是 Bruker Smart CCD X 射线单晶衍射仪；核磁数据的测定是以 TMS 为内标，以 $CDCl_3$、C_6D_6 和 C_6D_5N 为溶剂的超导核磁共振仪 Bruker DRX 600 完成；熔点用 SMP10 熔点仪测定。

所有的反应都是在经过钾柱干燥处理后的高纯度氮气保护之下，采用标准 Schlenk 技术进行操作。

1.1.4　科研中用到的软件

ChemDraw（绘图软件）；

Olex 或者 Shelx 均为解析晶体结构的软件，用以观察键长键角，选其一即可，根据个人习惯选择。

1.1.5 科研训练的结题论文

基于吡啶的 Zr、Hf 金属化合物的合成及催化

学院：化学化工学院

姓名：杨洁　孙悦　王小峰　卢兆乐

指导教师：周梅素

（山西大学　应用化学研究所，山西　太原 030006）

摘要：以 2- 氨基吡啶为原料，经碱金属锂化后与三甲基氯硅烷反应得到基于吡啶的氨基配体$(2\text{-}C_5H_4N)N(H)SiMe_3$(L)，L 由碱金属锂化后与 $ZrCl_4$ 和 $HfCl_4$ 分别进行不同比例反应（1 : 1，1 : 2）合成一系列金属化合物；L 由碱金属锂化后与二甲氨基腈加成，再通过配体与 $ZrCl_4$ 和 $HfCl_4$ 以不同比例反应（1 : 1，1 : 2）合成一系列金属化合物。

关键词：吡啶的氨基配体；Zr 化合物；Hf 化合物

一、引言

吡啶是一种新兴的芳香族有机化合物，与苯类似，由于其与苯相比，具有高选择性、低毒性等优点，关于吡啶衍生物的研究愈加广泛。近年来，已经研究出越来越多的氨基吡啶金属化合物，应用于催化研究中。自从 1974 年 Sehwartz 首次合成出第一个有机锆化合物 $Cp_2Zr(H)Cl$，并将其作为继二茂铁之后另一种新的有机合成试剂，展开了对其结构和性质的研究。随后有机锆化合物种类增多，研究人员将其大量应用于催化领域。研究发现，锆类化合物在不饱和烃如烯烃、炔烃的催化加氢、催化聚合，以及吡啶等稳定化合物的消除、活化、氢解等反应中具有良好的催化效果。由于锆化合物作为催化剂具

有稳定性好、选择性好、产率高等优点,研究者对于含锆有机化合物的研究十分活跃。

20 世纪 80 年代以来,Watson,Teuben 等指出,茂金属催化剂配体结构上特定位置的位阻环境对 β–H 消除反应过渡态的形成具有一定的抑制作用,人们为获得不同链长的烯丙基封端聚合产物,导向选择性 β–Me 消除的茂金属催化剂成了研究热点,Resconi 等报道在 0 ~ 50℃条件下,铪催化剂体系的选择性和催化产物聚丙烯的聚合度均有良好表现。基于此,我们设计了基于吡啶的氨基配体与 $ZrCl_4$ 和 $HfCl_4$ 不同比例的反应,合成一系列金属化合物,并期望研究其催化性能。

二、实验部分

2.1 实验条件、原料、试剂的纯化

所有实验按照标准 Schlenk 技术进行。正丁基锂(2.4 mol/L),2–氨基吡啶,三甲基氯硅烷等实验所用试剂均为分析纯。乙醚(Et_2O)、四氢呋喃(THF)经钠丝预处理,而后于氮气氛中经二苯甲酮 / 钠回流至蓝紫色后备用;二氯甲烷(CH_2Cl_2)先经五氧化二磷干燥再转至氢化钙中在氮气氛围中回流 24h 后备用。

2.2 配体$(2\text{-}C_5H_4N)N(H)SiMe_3$(L)的制备

将 2– 胺基吡啶(5.65 g,60 mmol)溶于四氢呋喃(THF)溶液中并于 0℃下加入 Bu^nLi(27.27 mL,60 mmol),反应过夜后在 –78 ℃下将 $SiMe_3Cl$(7.61 mL,60 mmol)加入上述溶液,反应 12h 后将所得溶液减压蒸馏,取 120℃时馏分,得无色透明液体 L(7.8 g,78 %)。

2.3 金属化合物的制备

化合物 1:取 L(0.316g,1.90 mmol)溶于 Et_2O(30mL)溶液中,于

冰水浴下加 ^{n}BuLi(0.79 mL),反应过夜后于 −78℃下将上述溶液加到 $ZrCl_4$(0.458g,1.96 mmol)的乙醚溶液中反应过夜,静置过滤后用 CH_2Cl_2 萃取,浓缩得到浅黄色透明液体;

化合物 2:取 L(0.320g,1.91 mmol)溶于 Et_2O(30 mL)溶液中,于 0℃下加 ^{n}BuLi (0.79 mL),反应过夜后于 −78℃下将上述溶液加到 $HfCl_4$(0.645g,2.02 mmol)的乙醚溶液中,反应过夜,浓缩得到柠檬黄色溶液;

化合物 3:取 L(0.403g,2.42mmol)溶于 Et_2O(30 mL)溶液中,于 0℃下加入 ^{n}BuLi (1.1 mL) 反应过夜, 后于 −78℃下加入 $ZrCl_4$ (0.282g,1.22 mmol),搅拌 12h 后静置过滤,后经 CH_2Cl_2 萃取,最终浓缩得到黄色液体;

化合物 4:取 L(0.415g,2.48 mmol)溶于 Et_2O(30 mL)溶液中,于 0℃下的 ^{n}BuLi (1.1 mL) 搅拌过夜。再于 −78℃下加入 $HfCl_4$ (0.388g,1.21 mmol),搅拌 12h 后静置、过滤,所得清液浓缩得浅黄绿色透明液体;

化合物 5:取 L(0.341g,2.05 mmol)溶于 Et_2O(30 mL)中,0℃下加入 ^{n}BuLi (0.95 mL,2.09 mmol) 反应过夜, 于−78℃下加入 $(CH_3)_2NCN$(0.17 mL,2.09 mmol)搅拌过夜,而后在 −78℃下将上述溶液加入 $ZrCl_4$(0.499g,2.14 mmol)的乙醚溶液中搅拌过夜,难溶物较多,换四氢呋喃溶解,浓缩得枣红色溶液;

化合物 6:取 L(0.368g,2.12 mmol)溶于 THF(20 mL)中,0℃下加入 ^{n}BuLi (0.95 mL,2.09 mmol) 反应过夜, 于−78℃下加入 $(CH_3)_2NCN$(0.20 mL,2.11 mmol)搅拌过夜,再于 −78℃下将上述溶液加入 $HfCl_4$(0.666g,2.08 mmol)的四氢呋喃溶液中搅拌过夜,用

二氯甲烷萃取，浓缩得橙色溶液；

化合物 7：取 L(0.338g, 2.01 mmol)溶于 THF(20 mL)溶液中，0℃下加入 ^{n}Buli(0.90 mL, 2.06mmol)反应过夜，而后在 −78℃下加入($(CH_3)_2NCN$(0.17mL, 2.09 mmol)搅拌过夜，再于 −78℃下加入 $ZrCl_4$(0.238 g, 1.02 mmol)搅拌过夜，浓缩得浅黄色溶液；

化合物 8：取 L(0.350g, 2.06 mmol)溶于 THF(20 mL)溶液中，0℃下加入 ^{n}Buli(0.95 mL, 2.09 mmol)，反应过夜后于 −78℃下在上述溶液中加入 $(CH_3)_2NCN$（0.20 mL, 2.11 mmol）搅拌过夜，后在 −78℃下加入 $HfCl_4$(0.336g, 1.05 mmol)反应 12h，浓缩得柠檬黄色溶液。

三、结果与讨论

化合物 1–4 由 L 与正丁基锂反应后与 $ZrCl_4$ 和 $HfCl_4$ 分别以不同比例反应合成；化合物 5–8 由 L 与正丁基锂反应后与二甲氨基腈加成，再与 $ZrCl_4$ 和 $HfCl_4$ 分别以不同比例反应合成。

3.1　配体 L 的合成

$(2\text{-}C_5H_4N)N(H)SiMe_3$(L)由 2- 氨基吡啶出发，经过碱金属锂化后与三甲基氯硅烷发生取代反应(见图 1–9)。

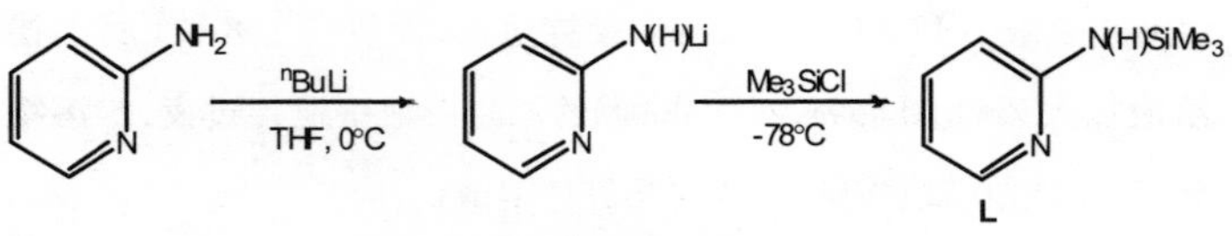

图 1–9　原料 L 的合成路线

3.2　化合物 1–4 的反应现象

化合物 1：将 L(0.316g, 1.90 mmol)溶于 Et_2O(30 mL)呈无色透亮清液，于冰水浴下加等摩尔比的 ^{n}BuLi(0.79 mL)呈淡黄色，

反应过夜后于 –78℃将上述溶液加入等摩尔比的$ZrCl_4$(0.458g,1.96 mmol)的 Et_2O 溶液中呈浅绿色,反应过夜后变为柠檬色浊液,过滤后得到浅黄绿色液体(仍浑浊),而后将所得溶液用 CH_2Cl_2 萃取,静置后过滤浓缩得到浅黄色透明液体,置于室温中静置结晶;

化合物 2:第一步反应与化合物 1 相似,而后在 –78℃下将上述溶液加入等摩尔比的 $HfCl_4$(0.645g,2.02 mmol)的乙醚溶液中得到黄绿色浊液,反应过夜后变为柠檬黄色浊液,静置过滤后浓缩,于室温下结晶;

化合物 3:第一步反应与化合物 1 相似,而后在 –78℃下加 1/2 摩尔比 $ZrCl_4$(0.282g,1.22 mmol)于上述溶液中呈浅绿色,反应过夜后变为柠檬色浊液,静置过滤后得浅黄绿色液体,而后用 CH_2Cl_2 萃取,过滤后浓缩得到黄色液体,置于冰箱中低温结晶;

化合物 4:第一步反应与化合物 1 相似,而后在 –78℃下加 1/2 摩尔比 $HfCl_4$(0.388g,1.21 mmol)于上述溶液中得到浅绿色浊液,反应 12h 后变为柠檬黄色浊液,用 CH_2Cl_2 萃取,浓缩得浅黄色液体,于室温下结晶。

3.3 化合物 5–8 的合成

化合物 5:将 L(0.341g,2.05 mmol)溶于 Et_2O(30 mL)得无色透亮溶液,0℃下加入 ^nBuLi(0.95 mL,2.09 mmol)呈浅黄色,反应过夜后在 –78℃下加入$(CH_3)_2NCN$(0.17 mL,2.09 mmol)呈草心色,反应 10min 后变为柠檬黄色,反应过夜后在 –78℃将上述溶液加入 $ZrCl_4$(0.499 g,2.14 mmol) 的乙醚溶液中呈芒果色,10 min 后变为胡萝卜色浊液,反应过夜后颜色无明显变化,瓶壁附着大量橘色沉淀,抽干用四氢呋喃重溶得到枣红色溶液,置于室温下结晶;

化合物 6：取 L（0.368g，2.12 mmol）溶于 THF（20 mL）中，0℃下加入 ^{n}BuLi（0.95 mL，2.09 mmol）得浅黄色溶液，反应过夜后于 -78℃下加入 $(CH_3)_2NCN$（0.20 mL，2.11 mmol）搅拌过夜，无明显变化，再于 -78℃将上述溶液加入 $HfCl_4$（0.666g，2.08 mmol）的 THF 溶液中得到橙色溶液，反应过夜后无明显变化，浓缩后置于冰箱中低温结晶；

化合物 7：前两步反应现象与 6 相似，而后于 -78℃下加入 1/2 摩尔比 $ZrCl_4$（0.238 g，1.02 mmol）得橙黄色溶液，反应过夜后变为浅橙色清液，浓缩后于冰箱中低温结晶；

化合物 8：前两步反应现象与 7 相似，而后在 -78℃下加入 1/2 摩尔比 $HfCl_4$（0.336g，1.05 mmol）溶液呈黄绿色，反应过夜后得到柠檬黄色清液，浓缩后置于冰箱中低温结晶。

四、展望

吡啶作为一种较苯而言具有低毒性、高选择性的新兴芳香族有机化合物，在一定程度上取代了苯，并连同其衍生物作为原料被用于研究新型金属有机配体，而氨基金属有机化合物是有机金属化学研究领域的热点，该类化合物作为催化剂或材料在有机合成等诸多领域有着广泛的应用，本课题选择 2- 氨基吡啶可以通过变换不同的取代基对修饰，合成不同种类的结构对称或不对称的化合物，再将这些化合物作为配体与其他过渡金属卤化物，特别是和 $ZrCl_4$、$HfCl_4$ 反应，得到相应的一系列金属有机化合物，从而为探讨有机催化反应的机理，筛选性能优良的催化剂提供必要的理论基础，有望成为具有实际应用价值的催化剂。

1.2 计算化学

1.2.1 实验中涉及的软件

Xshell，Gaussian view，Gaussian 16，Amber，Gromacs.

显示软件：

(1) Gaussian view（5，6）

优势在于可以展示更多的分子结构的细节部分，所以一般适用于查看小分子结构，对于大分子结构的查看并不适用。

(2) VMD

查看对象适用范围广泛，大分子、小分子都适用。

编辑软件：

(1) UE

仅用于修改

(2) 文本（记事本）

不仅可以用于修改；还可以带格式

计算软件：

Gaussian 16（98，03，09*）

研究水平为量子水平，主要研究电子。其缺点是只适用于分子量小于 500 的分子；计算结果为绝对零度 0K，及理想状态下某一帧的数据。

Amber（12，14，16，18*，20*）/Gromacs（2020，2021）

研究水平为分子原子水平。优势在于可以指定温度，计算结果为某一动态平衡时的结果，可以计算较大分子量。

1.2.2 实验的基本流程

第一步 确立研究对象

（1）Gaussian view 类似于上文所述 ChemDraw（绘图软件）用于建立模型

（2）Gaussian 16（或其他数字，本组实验使用的软件是 09）

其作用是对上述构建的模型进行一个优化，包括键长、键角等。该优化是在默认真空状态的前提下，对模型分子进行一个理想状态的优化。

第二步 加入环境体系

考虑环境因素，对所建立的模型分子的结构进行进一步的修正。

在这个过程中，实验室所用到的软件是 Amber 软件和 Gromacs 软件。当然也有许多其他的软件，这两款软件比较好用。通过使用这两个软件我们可以得到在不同反应环境下的模型的结构。在计算完成后，获得一系列的文件。

（1）Gromacs

适用对象为原子等。

涉及的理论知识为原子动力学、量子力学等方面的知识，相较于下面的分子动力学及相关理论而言更为复杂。

（2）Amber

适用对象为大分子。

涉及的理论知识为分子动力学。

这个对于环境中的反应是在牛顿力学方程下对薛定谔方程解方程，难度可见一斑，由此尽管我们实验过程中仅仅是模拟5毫秒的过程仍然在现实生活中运行几天。

第三步　程序运行

Xshell对实验而言属于核心软件，之所以这样说是因为所有的计算都离不开这个软件。其作用就相当于一个中转站负责连接到老师的服务器里，实现信息交换。服务器中用到的系统Linux系统，在这个系统里装有许多软件，如Amber，Gromacs等，通过Xshell这个软件，我们可以将之前所建立的模型及上一步计算完成后得到的文件通过Xshell将信息共享到服务器中，由服务器进行一个高效快速的计算。许多同学对这个系统不了解，简言之，Linux系统就相当于我们手机里的Android系统和Apple系统，这个系统是一个简洁的系统，类似于C++，我们可以在里面通过输入指令的方式，进行我们想要实现的操作。使用Xshell的优势在于，在其建立文件夹（指令为：vi）后并无界面生成，而是直接输入命令进行操作，由此在很大程度上减少了内存的占用，使得计算更加高效快捷。

如果对相关的知识感兴趣，可以从计算化学公社的网站进行进一步的了解。

1.2.3　Linux常用操作

（1）显示文件或者文件夹

ll 显示详细文件 / 夹信息

ls 显示信息

（2）新建文件夹

mkdir xxx

（3）进入文件夹

cd ../　　　　返回上一级

cd xxxx　　　　进入文件夹

cd /data/xxx　进入指定的文件夹

（4）查看，创建，编辑文件

vi xxx（Esc：wq（保存退出）：q!（不保存））编辑，创建文件

cat xxx　查看文件内容

（5）删除文件和文件夹

rm xxx　　　　删除文件

rm –rf xxx　　　删除文件夹

（6）复制文件和文件夹

cp xxx xxx　　　　　　　复制文件

cd –r folder1 folder2　　　复制文件夹

（7）剪切和重命名

mv xxx yyy　　　　剪切 / 重命名 xxx 为 yyy

（8）查看历史记录

history

(9) 显示工作位置

pwd

(10) 保存文件到当前电脑

sz xxx

2 社会实践成果

以“理”谈大同经济转型
——从化学生的视角分析大同经济转型策略

摘要：改革春风吹满地，大同体现大不同。过去的大同凭借着庞大的出煤量引领经济而出名，但也导致大同产业结构发展严重不均衡，为日后经济发展埋下了隐患。随着煤炭能源的日渐枯竭以及新能源产业的日益崛起，使得产业链单一的大同经济严重受损，一时间难以扭转局面，有些地区甚至出现经济赤字的状况，昔日的优势已然成为劣势。为了寻找经济转型的新出路，本研究通过文献查阅、实地调研、问卷调查等方式对大同自然资源、地理位置、社会经济、产业结构的特点与存在的问题进行深入调研和分析，并运用 SWOT 分析、IFE 分析等方法深入剖析大同市在农业、工业、旅游业等各方面的转型机遇，就大同未来的经济结构提出了有针对性的、操作性强的、科学合理的转型策略和发展规划，这为大同市经济转型和城市发展提供了决策参考，对其他类似资源型城市的经济转型具有重要的借鉴意义，同时也拓宽了相关学术课题的研究思路，具有重要的现实意义和理论意义。

关键词：大同市；资源型城市；经济转型

第一章　绪论

1.1　研究背景

资源型城市是指长期依靠能源资源的高投入、高消耗拉动经济发展的城市。在其发展过程中，过度依赖于自然资源的开发利用，使得城市发展与自然资源消耗息息相关。资源型城市的发展周期一般要经历兴起、繁荣、衰退、转型或者消亡的四个阶段。近年来，我国资源型城市相继进入衰退枯竭期，对于地区经济发展、生态环境、民生建设都产生重要影响，实现资源型城市的经济转型已成为大势所趋并且迫在眉睫。

国家也在积极探求资源型城市的转型发展机制，倡导绿水青山就是金山银山的发展理念。2013 年国务院发布《全国资源型城市可持续发展规划（2013—2020 年）》，指导全国各类资源型城市可持续发展和编制相关规划。资源型城市的经济转型已经成为促进区域协调发展、维护社会和谐稳定，建设生态文明的必然要求和重要任务。

大同市地处晋、冀、蒙的交界处，是全国闻名的“煤都”，具有丰富的煤炭储量，可采煤层多，开采出的煤炭灰分低，硫、磷等杂质少，发热量高，且煤层稳定，易于开采，基于上述原因，大同煤炭销量可观，成为国内最大的优质动力煤供应基地。大同依靠丰富的煤炭资源，对煤矿进行大规模的开采和粗放式加工，经济上实现了迅猛发展，形成“一煤独大”的定局，中小型企业也纷纷转入煤炭行业，而轻工业长期不被重视，煤炭能源消费占据绝对主导地位，属于典型的资源型城市。近年来，随着绿色新能源的倡导和本土采煤量下降，加之煤炭精细加工处理的体系不够成熟，而替代产业尚未形成，其他行业更是没有经验基础，一直处于百废待兴的局面，导致大同市经济总量和 GDP 值均出现下滑。与此同时，各大企业难以为继，也都需要政府发拨资金进行产业扶持，产业结构单一、经济增长方式粗放等瓶颈日益凸显。此外，煤炭能源消费特征也导致大同市严重的环境污染，亟待寻找适合大同市自身发展特点的经济转型之路，以推动大同市社会经济的持续性发展。

基于各资源型城市具有其特有的环境资源和发展特点，在寻求经济转型的过程中应充分考虑城市差异性，探寻地方优势，打造独特的转型发展之路。如今，在国家大力提倡转变经济方式的宏观背景下，大同应该顺应时事，利用其自然地理和历史文化优势，将产业结构多元化，不断拓展延伸产业链，逐步发展完善旅游业、推广农业，这不仅对大同现在经济发展具有极强的战略现实意义，甚至对全国类似地区都具有十分宝贵的借鉴价值。

1.2 研究目的与意义

1.2.1 研究目的

大同市属于典型的资源型城市，前期依托丰富的自然资源取得了极大的经济优势和发展力量，但由于其产业结构单一，煤炭等自然资源的储量随着过度开采而逐渐减少，能源消耗对其经济发展、生态环境、人口就业等各方面的影响都显现出来，为防止资源枯竭和促进大同市绿色协调可持续发展，寻求适合大同市自身发展特点的经济转型策略成为必然选择。本研究通过对大同市现有的产业结构、发展模式、政策规划进行调研分析，意在探究有针对性的、操作性强的、科学合理的大同市经济转型策略，均衡产业分配结构、转变经济增长方式、构建起大同市绿色环保可持续的长效发展机制，为大同市城市经济发展规划的编制提供依据参考，也为其他类似资源型城市的转型提供决策思路。

1.2.2 研究意义

本调查研究以大同市产业发展现状为调研对象，通过综合分析提出针对性的经济转型策略，对大同市、其他资源型城市以及学术科研发展都有重要意义。

① 本调研分析为大同市转变经济发展方式提供了一个科学的方向与规划，为大同市城市经济发展规划的编制提供决策参考，对实现大同经济绿色协调可持续发展具有直接的应用价值。

② 本调查研究提出的针对大同市经济转型的对策建议以及思考分析方式对我国其他资源型城市发展经济，转变经济发展方式，实现脱贫致富伟大工程都具有重要的现实借鉴意义与价值。

③ 有利于补充相关理论研究，拓宽研究思路。

1.3 研究内容与方法

1.3.1 研究内容

本研究首先对大同市现有资源、地方特色、经济结构、国家政策、发展规划等各方面进行详细调查，分第一产业、第二产业、第三产业调研各产业现状并分析目前经济模式下存在的问题，然后综合考虑大同市环境禀赋优势、产业自身发展特点和外部政策技术等有利条件和制约因素，通过 SWOT 分析、波特五力分析、PEST 分析、EFE 分析、IFE 分析等方法综合分析得到全面系统科学的经济转型对策和建议。

1.3.2 研究方法

针对大同市经济发展及产业结构现状进行系列社会调查，应用 SWOT 分析、PEST 分析、EFE 分析、IFE 分析等方法进行进一步分析。根据列举大同自身的优势：现有矿产资源丰富，历史文化底蕴深厚，农产品营养价值高等，然后通过阅读文献等方式发现外部环境的机会，如国家政策方针，可借鉴的转型思路等，通过列举并按照矩阵排列形式的方式，然后用系统分析的思想，把各种因素有机联系起来并加以分析，从中相

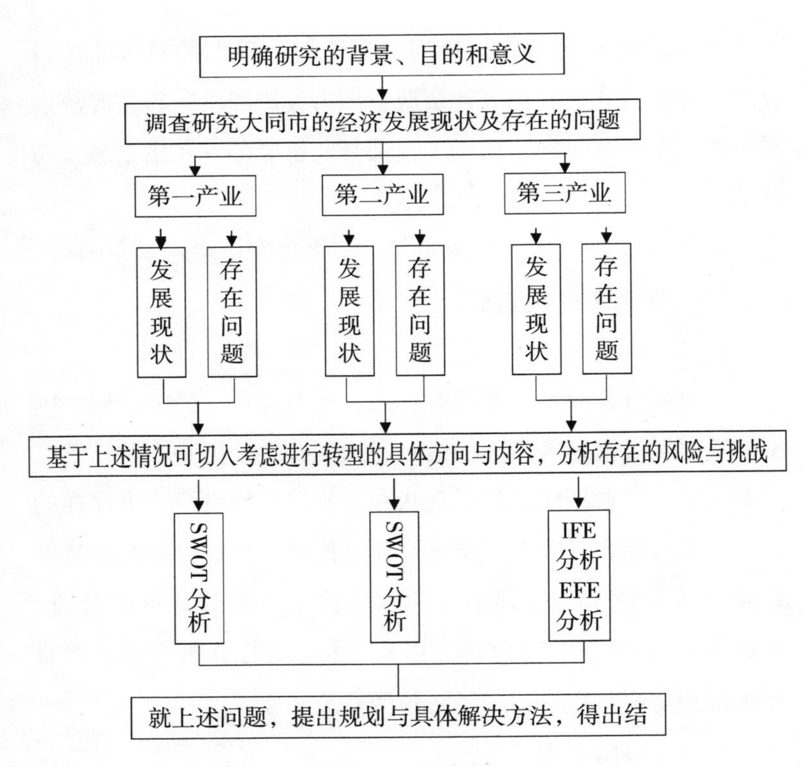

图 2–1　技术路线

应地得出一系列结论（见图 2–1），巧妙地搭配运用这些方法，可以对研究对象所在的情景进行全面、系统、准确的研究，从而根据研究结果制定相应的发展战略、计划以及对策等。

文献资料法。通过中国知网及其他网络途径查阅相关论文和统计数据，对已有研究成果进行分析和总结，学习吸收先进的思想和方法，为本研究提供充足的理论证据，也通过相关文献和数据了解大同市经济发展现状。

实地调研法。在大同光伏“领跑者”基地、黄花种植基地、黄花博物馆、煤炭博物馆进行实地调研和考察，了解当前大同市对经济转型做出了哪些调整改变以及目前仍然存在的问题、风险。

问卷调查法。设计关于大同市黄花产业和旅游业的调查问卷，广泛发布并对问卷内容进一步分析，为大同市第一产业和第三产业的经济转型提供对策参考。

1.4 研究的理论工具

本研究主要运用以下分析工具对影响大同市经济发展的各方面因素综合分析以辅助提出科学合理的、针对性强的、切实可行的经济转型策略：

① SWOT 分析，即基于内外部竞争环境和竞争条件下的态势分析，就是将与研究对象密切相关的各种主要内部优势、劣势和外部的机会、威胁等，通过调查列举出来，并依照矩阵形式排列，然后用系统分析的思想，把各种因素相互匹配起来加以分析，从中得出一系列相应的结论，而结论通常带有一定的决策性。运用这种方法，可以对研究对象所处的情景进行全面、系统、准确的研究，从而根据研究结果制定相应的发展战略、计划以及对策等。

② PEST 分析法，是战略外部环境分析的基本工具，它通过政治的、经济的、社会的和技术的角度或四个方面的因素分

析从总体上把握宏观环境，并评价这些因素对企业战略目标和战略制定的影响。

③ 对内部因素进行分析、总结的最常用工具是内部因素评价矩阵 IFE，该矩阵用于评价各项内部资源和能力的优势与劣势，并为确定及评价这些因素间的关系提供基础。建立 IFE 矩阵是一个不断量化的过程，对矩阵中各项因素的通透理解比实际数字本身更为重要。

④ 利用 SWOT 分析以及结合 IFE 矩阵法、EFE 矩阵法等现代企业分析手段对大同经济转型发展的优势、劣势、机会、威胁进行客观综合定量的分析评价，找出具有重大影响的内外部因素，据此提出了大同经济转型的发展战略。

1.5 创新点

我国对于能源型城市的经济转型的研究比较分散，大多都是将可实行转型的各个部分分散开来，对于单独的部分进行研究分析，缺乏一个统筹性的规划研究，而本书从整体资源、可进行经济转型的方面进行深入思考研究分析，提供了许多科学转型的具体方向与内容，为后续各专业领域进行深入研究分析提供了思路及理论基础。

国外学者对于经济转型方面的研究大多集中于基于人口分布情况以及年龄构成方面的研究，其他关于能源转型的研究也仅仅局限于企业的经济转型，没有将政府引导与企业转型有机结合起来。

第二章　大同市产业结构的现状调查

2.1　第一产业

2.1.1　发展现状

大同市云州区的东北部几乎处于死火山群的包围之中，被称为“火山之乡”，因而周围的土壤中富含多种矿物质，使得农作物的营养价值更高。我国是黄花菜种植资源最丰富的国家，也是黄花菜种植面积最大的国家，黄花菜在全国有四大产地，其中以大同黄花最为优质，位于大同市的云州区是山西省黄花菜的重要产区。大同市栽种黄花菜始于北魏，距今有1600多年的历史。自明朝起大同市云州区就成了高品质黄花菜的优势产区，享有“黄花之乡”的美誉，所产黄花历史上一直作为皇家御用的滋补贡品。黄花是大同市经济发展的“黄金花”，成为大同市第一产业最有潜力的经济转型方向之一。

大同县种植黄花菜具有得天独厚的先天优势，该县地势平坦，土壤肥沃，含有多种矿物质；海拔平均在1000米以上，气候凉爽，属温带大陆性季风气候，夏季降雨集中，秋季温差大，气候条件和土壤条件非常适宜黄花菜生长。大同县的黄花菜产区远离喧闹城市地带及污染源地区，空气质量良好；丰富的优质水资源提供了良好的灌溉条件，加上本地区劳动人民数百年来不断积累和提高的精耕细作的劳动方式和生产经验，为优质的黄花菜生产创造了良好的生态环境。

2011 年大同市委、市政府把黄花菜产业确立为云州区“一县一业”的主导产业和脱贫攻坚的支柱产业，加强政策扶持。此外，该地区劳动人民数百年来积累和改进了集约耕作方法和生产经验，大力培育黄花深加工龙头企业，推动云州区黄花菜产业向规模化种植、精深加工、品牌销售的现代农业发展，黄花菜产业就此进入快速发展期。

2.1.2　当前存在的问题

现阶段黄花基地仅仅是一个初具规模的黄花菜田，对于黄花产业园还没有系统的设计规划，对于黄花菜的加工处理仅局限于简单的加工，如：黄化饼、黄花饮料、黄花菜品等，缺乏深层次高效益的产品研发，产业链短、冷链体系不完善也是导致黄花产业收益不高的主因之一。

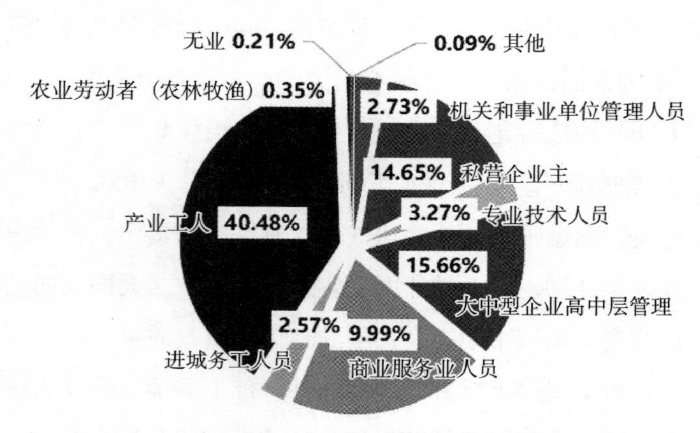

图 2–2　关于黄花产业问卷调查对象结果

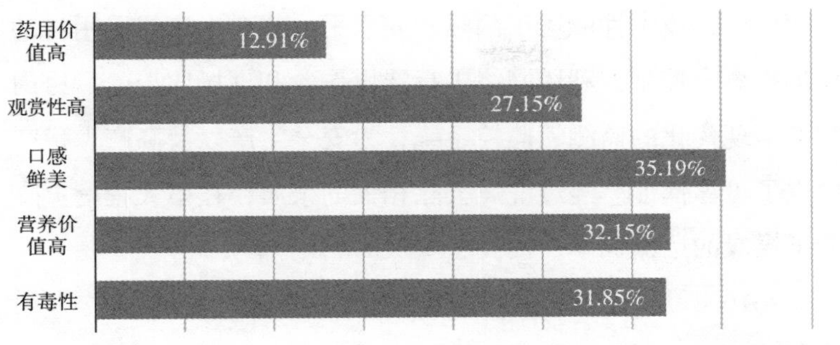

图 2-3　关于黄花菜问卷调查结果

经过问卷调查结果显示（见图 2-2，图 2-3），调查对象涉及各行各业，大部分集中在产业工人、商业服务人员、机关和事业单位的管理人员、大中型企业高中层管理以及私营企业主。高达 31.85% 群众对黄花菜了解不够，还存在偏见，担心黄花菜处理不当，引发食物中毒，缺乏相关的理论知识的推广普及，需要进一步增强群众对黄花菜品的信赖度。

由于黄花只有在未开花状态才能食用，需要在凌晨采摘，同时注意使用正确的采摘方式，这些严格的条件于无形中增大了采摘的难度。很多黄花来不及采摘就已经开放，这对于经济的增长也是一个重大挑战。

2.2　第二产业

2.2.1　发展现状

大同具有丰富的煤炭资源，是全国最大的优质动力煤供应基地，工业基础颇为雄厚，选煤厂主要的洗选设备由澳大利亚厂商提供，技术性能居于国际领先水平。整套生产线采用自动化远程集中控制，利用网络进行选煤作业和现场监控，厂房内配备了现代化的监测、监控系统，为安全生产以及高产、稳产提供了可靠保证。经过洗煤去除相关的杂质，在很大程度上降低了煤炭的运输成本，提高了煤炭的利用率。

2010 年大同市成为“国家级综改试验区”，是新兴产业研发制造基地。建立了大同熊猫发电站，风电并网技术日益成熟，获得了国家相关政策的大力支持。在地热能方面，大同市有着得天独厚的地理优势，火山群强力支撑打造“氢都”，发展储氢技术。

大同的熊猫发电站占地 1500 亩，装机的总容量达到了 100MW，如果发电 25 年的话，发电量就可以高达 32 亿度，相当于节约煤炭 105.6 万吨、减少二氧化碳排放 274 万吨。已并网发电的大同熊猫光伏电站一期，年发电量约 8000 万度。除光伏制造项目建设取得成效外，2019 年，第二批光伏领跑基地项目全部建成并网，全市已建成并网的光伏领跑基地装机容量达 150 万千瓦，在全省位列第一。

风电是大同市新能源产业发展的重头戏。近年来，大同市大力发展风电产业。随着风电并网技术的日益成熟，以及其他国家进行相关法律政策的大力支持，风力发电企业发展经济迅速，大同地区可以作为风能可利用区，总规模 56.7 万千瓦，总投资约 44.24 亿元。2019 年，金北风电基地大同200 万千瓦工程已建成并网发电 390000 千瓦。大同市新能源装机规模已经占到全市电力总装机规模的 36%，优化了社会转型经济发展建设新格局，风电作为可再生能源，在环境保护和可持续能源发展中发挥着积极作用，在统一、强有力的智能电网规划中，在可再生能源和分布式电力供应的发展中发挥着重要作用。

在地热能方面，大同市有着得天独厚的地理优势，有着中国大火山群之一的死火山群，扎实推进火山周边阳高、浑源两县地热能集中供热示范项目，全力利用好地热资源。

积极响应政策，从事制氢、氢液化、加氢站、储氢系统、储氢罐、燃料电池以及工业气体等领域产品的研发、生产、运营和销售。逐步实施液氢装置、分布式氢能热电系统应用等项目，源网荷储一体化和“风、光、水、火、储一体化”，以制氢城市一体化推进燃料电池示范城市建设，着力打造北方地区最大的光伏、储能、氢能等新能源高端装备产业链集群。储能及动力电池全产业链项目促进大同市加快构建绿色能源供应体系、强力支撑打造“氢都”，对大同转型发展具有重要意义。在“新能源＋储能”“新能源＋大数据”等试点示范任务和电力等体制管理机制改革创新方面谋求重大突破，让能源资源优势再次成为大同社会转型经济发展的决定性竞争环境优势。

2.2.2 当前存在的问题

煤炭产业作为大同的支柱产业，在经济产业结构中占有相当大的比重。大同煤矿集团公司（现晋能能源控股集团）是中国煤炭生产基地，虽说开采历史悠久，但洁净煤生产还是近几年的事。洁净煤技术局限于原煤的洗选加工。原煤经过洗煤之后所得到的精煤有着较高的品质，如灰分低、硫分低、发热值高。尽管如此，中国的洁净煤技术还仅局限于原煤的洗选加工，相较于其他发达国家对煤炭进行精细加工处理的体系仍然不够成熟，煤炭入洗率低，经济效益低下，煤炭的下游相关行业所获得的煤炭的品质低，环境污染严重。

由于早前煤炭行业的暴利，使得大同经济结构呈现出“一煤独大”，但是随着国家对绿色新能源的大力倡导，以及本土采煤量下降，使得经济缩减严重，与此同时替代产业尚未形成。

新能源基地仅为试点基地，技术尚未成熟，处于摸索阶段，储氢技术难度大，距离技术成熟还有好几年的时间。

2.3 第三产业

2.3.1 发展现状

地下文物看陕西，地上文物看山西。山西古建筑数不胜数，大同更是北魏都城，不仅有许多精美的古建筑，还有许多流传至今的典故，有着很强的文化优势。20 世纪 80 年代初，宿白先生就提出，平城是中外文化交流的重点地区，丝绸之路兴盛之初，平城就是当时的世界中心。在平城有很多重要的考古发现，涵盖的种类很多，有许多外来元素，这些元素需要在民族融合的大背景下，纳入平城和云冈研究中。云冈石窟开凿于北魏时期，反映了当时的民族团结和民族融合，对于新时代增强中华民族凝聚力仍具有重要的时代价值。

评价一个地方的旅游业发展是否成功，不仅仅取决于吸引游客量以及在当地的消费情况，更重要的衡量标准是这个地方是否通过文化输出获得收益。这就不仅仅需要雄厚的历史文化基础，还需要将历史文化现代化、趣味化，从而向更大的群体进行推广，甚至走出国门，走向世界。大同显然具有其历史文化优势。

大同市地理条件优越，有“北京的后花园”之称，自行驾车到雄安新区和北京都是大约 4.5 小时的车程，自大同到北京的高铁开通运行后，用时大大减少到两个小时，而有着同样距离的国家级建设新区雄安新区，发展趋势也是极为乐观，交通运输部确定雄安新区为第一批交通强国建设试点地区，交通运输极为便利。雄安新区建成后，京津冀将形成与珠江三角洲和长江三角洲相似的大型城市网络，城市间的差距将缩小，发展将更加平衡，资源将不再像北京那样集中，京津冀的发展将迎来一个黄金时代。

2018 年，大同被评为“最佳全域旅游目的地”，未来，全域旅游将是大同旅游业发展的战略目标。要着眼于理念创新，围绕两城(大同古城和大同长城）两山（北岳恒山和大同火山群）发展高质量高品质旅游产业。

2.3.2 当前存在的问题

云冈石窟、恒山、悬空寺、华严寺、大同古城、大同长城、大同火山群等旅游景点不仅具有很高的观赏价值，还有很大的研究价值，遗憾的是目前我们还没有完整且成熟的旅游路线规划，旅游景点较为分散，缺乏集中管理的体系。而且现阶段景区的管理模式不新颖，旅游路线不畅通。神奇莫测的土林、火山群和巨大的自然睡佛，大同土林可以媲美新疆的魔鬼城，位于云州区杜庄村；位于火山口处的昊天寺，是欣赏睡佛的最佳观望点。由于大同火山群规模较大，周边地区衍生出许多温泉场所，其中阳高温泉和天镇温泉略有规模但是宣传力度不够，而其他温泉规模较小，位置分散，缺乏系统管理，导致大同温泉鲜为外地人知。

虽然大同旅游业依托云冈石窟、北岳恒山、悬空寺已取得可观的旅游收入，但总体存在旅游产业结构失衡问题，急需优化。

由表 2–1 计算可得，2016 至 2018 年大同市入境旅游者人均消费分别为 577.17 美元、580.63 美元、595.50 美元，三年均值为 584.43 美元；2016 至 2018 年，大同市国内旅游者人均消费分别为 892.54 元、892.17 元、892.65 元，三年均值为 892.45 元。由此可见，大同旅游业存在着“人旺财不旺”的现象，尤其是国内旅游者，人均消费不足 900 元，仅是交通、住宿和景区门票的消费。虽然每年来大同旅游人数较多，但游客停留时间短、消费水平低，究其原因，是旅游产业结构失衡所致。

表 2–1　2016 至 2018 年大同市入境旅游者消费情况

年份	接待入境旅游者人数(万人次)	比上年同期增长(%)	旅游外汇收入(万美元)	比上年同期增长(%)	接待国内旅游者人数(万人次)	比上年同期增长(%)	国内旅游收入(亿元)	比上年同期增长(%)	旅游总收入(亿元)	比上年同期增长(%)
2016	6.97		4022.87		4041.4		360.71		363.33	
2017	7.38	5.92	4285.04	6.52	5383.7	33.21	480.32	33.16	483.13	33.02
2018	8.21	11.34	4889.02	14.1	6911.2	28.37	616.93	28.44	620.93	28.52

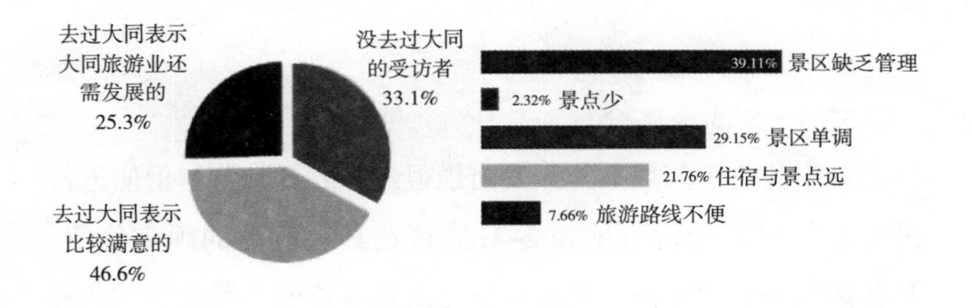

图 2–4　大同市旅游服务业民意调查结果

图 2–4 关于大同市旅游服务业的民意调查结果显示，大同旅游产品结构以传统观光型产品为主，虽然近几年出现了很多新的旅游景区，据此设计了大同二日游、三日游线路，但多数仍是观光型旅游产品，且没有产生品牌效应，导致吸引力不强。很多来同游客的参观重点仍是云冈石窟、悬空寺、华严寺和九龙壁，一日游居多。调查发现，很多游客对大同的古长

城、火山群很感兴趣，但因没有清晰的路线和交通不便而放弃了参观游览的念头。

虽然大同有方特欢乐世界与国家级火山地质公园，但品牌宣传不够，客源市场较小，仅以本地游客为主，小范围辐射周边地区。长期以来，旅游业在大同经济结构中所占比重很小，导致旅游基础薄弱。与此同时，各地旅游业蓬勃发展，竞争激烈。

第三章　大同市经济转型策略分析

3.1　第一产业

3.1.1　转型策略分析

基于黄花菜深加工的开发前景很好，故对其营养价值进行进一步的研究分析（见表 2–2）。黄花具有较高的观赏价值，其花蕾未开放时采摘、干制后成为高营养价值的蔬菜。《营养学报》曾报道，黄花菜具有显著降低动物血清胆固醇的作用。胆固醇的增高是导致中老年疾病和机体衰退的重要因素之一，能够抗衰老而味道鲜美、营养丰富的蔬菜并不多，而黄花恰恰具备了这些特点。

① 糖类物质。糖类化合物是碳水化合物的一种，除了可以提供能源，还有一些特殊的生理功能：肝素的抗凝血作用，血液中糖参与免疫等。

表 2–2　SWOT 分析

外部 \ 内部	S 优势 1.黄花产业历史悠久 2.黄花具有观赏价值，观景期长达 40 天 3.黄花文学意义深厚 4.大同黄芪与其他黄芪相比营养价值更高 5.火山土壤有利于农作物的种植	W 劣势 1.采摘效率慢，大部分黄花只能用于观赏 2.产业链分散，缺少有机结合 3.农产品销售渠道单一 4.对于农产品的种植销售缺乏统一的管理 5.缺乏对农田、土地进行长远的利用 6.加工产品简单
O 机会 1.是国家旅游示范区 2.春节档电影《你好，李焕英》大火，给黄花宣传带来流量效应 3.国家扶持黄花产业 4.人才引进政策 5.黄花基地的地理位置优越	SO 战略“优化型战略” ◆ 引进人才 ◆ 增设萱草博物馆 ◆ 打造网红景点 ◆ 增建庄园 ◆ 种植养生作物	WO 战略“改进型战略” ◆ 将已开放的黄花用于研究领域以及提取的原材料 ◆ 扩大生产规模 ◆ 增设采摘园
T 威胁 1.消费者对于黄花的食用有一定程度的误解 2.交通运输不便 3.缺乏积极的宣传 4.与其他地方农产品输出竞争激烈 5.缺乏对农作物进行深入研究加工的技术	ST 战略“转化型战略” ◆ 加大对黄花的宣传 ◆ 推广农产品广告 ◆ 直播黄花菜厨艺竞赛 ◆ 完善交通、物流中心 ◆ 发展民宿	WT 战略“破除型战略” ◆ 与电商合作 ◆ 与高校科研院所合作 ◆ 开发相关的药品、食品、保健品 ◆ 培训技术人员

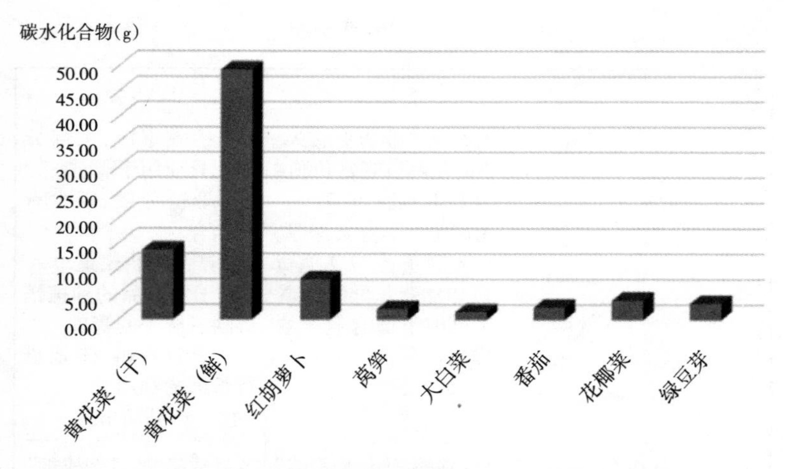

图 2–5　黄花菜与其他蔬菜碳水化合物的含量比较

由图 2–5 知，当多糖的浓度超过 25 mg/ml 时对金黄色葡萄球菌、铜绿假单胞菌、大肠杆菌均有一定的抑制作用，通过图 2–5 的对比分析，可以直观看到黄花菜中富含碳水化合物，这为黄花菜中多糖的开发前景奠定了基础。

② 维生素。维生素 E 是一种功能性的物质成分，人类只能通过饮食摄取。通过阅读文献可知，人体每天需补充维生素 E 的量与年龄、健康状况有关，一般人们将维生素 E 最佳摄入量范围设为 100~400 IU/d。

由图 2–6 分析，黄花菜所含有的维生素 E 远高于其他蔬菜，因此可以将黄花菜中的维生素提取出来，用于制备保健药品补充维生素。

③ 蛋白质。蛋白质不仅局限于是人体细胞结构的重要组

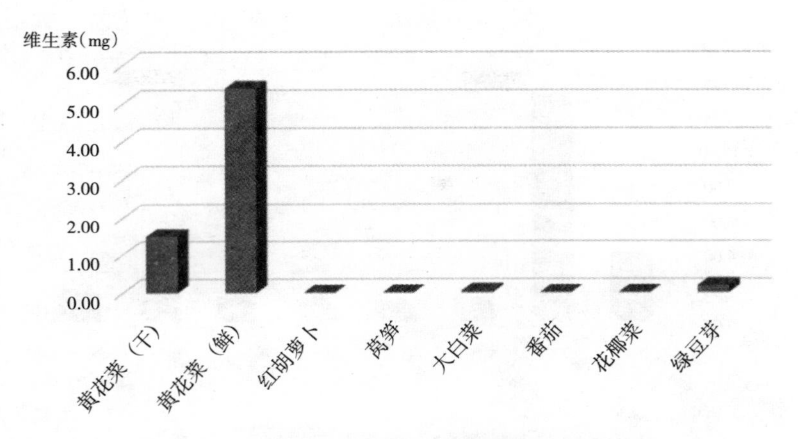

图 2–6　黄花菜与其他蔬菜维生素 E 的含量比较

成部分，同时也参与机体中各种生命活动。特别是蛋白质的基本组成单位——氨基酸对人体组织的完善修复与体细胞的构建发挥很大的作用。还有研究表明蛋白质不仅参与免疫调节，还有增加食物鲜味的作用。

通过图 2–7 的数据对比不难看出，黄花菜属于高蛋白蔬菜，抓住蛋白质高含量这个优势，进行进一步的分析，通过应用 PR–HPLC 分析得出萱草属品种的植物富含的必需氨基酸多达七种，总含量达 2.578~8.583 mg/g。通过对黄花菜的根、茎、花蕾、花瓣、花粉等不同部位逐一分析，寻找出蛋白质含量高的部位，进行一系列科学研究找到适合的提取方法，用于食品添加剂、调味剂。

④ 矿物质元素。矿物质是人体必需的营养物质，在维持

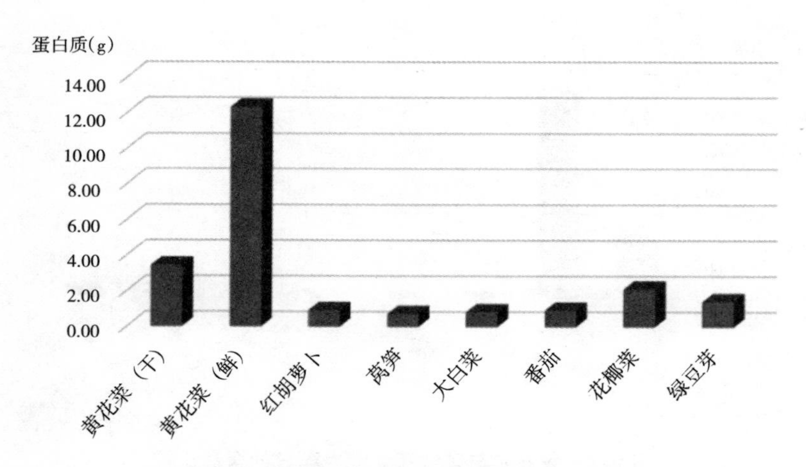

图 2–7　黄花菜与其他蔬菜蛋白质的含量比较

人体正常生理功能方面起着不可忽视的作用，在预防疾病、保持身体健康方面也有非常重要的作用，但是矿物质元素只能从食物中获取，而黄花菜中就含有多种矿物质（见图 2–8）。

通过图 2–9、图 2–10 的比较说明黄花菜是一种高 K、低 Na 的蔬菜，这对人体血压调节有着至关重要的作用。其中 Ca、Mg、Se 的含量仅次于 K 的含量，占有较大的比重，针对这个优势我们可以根据 Ca 有助于治疗失眠、高血压、抽筋、怕冷、疲倦等症状进行药理学研究；Se 有抗癌、抗氧化的功效进行提取的研究，将有效成分用于医疗保健、化妆品等领域；Zn 对人体的生长发育、消化、皮肤、视力、衰老等生理功能发挥着重要的影响。

图 2–11，通过与其他各类植物的对比可以发现鲜黄花中

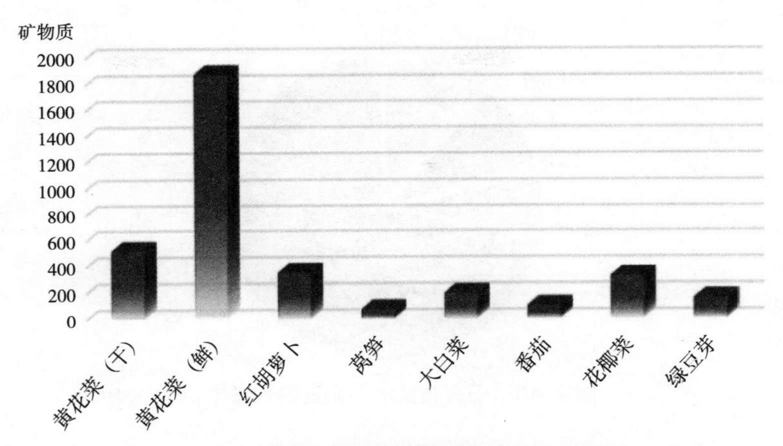

图 2–8　黄花菜与其他蔬菜矿物质的含量比较

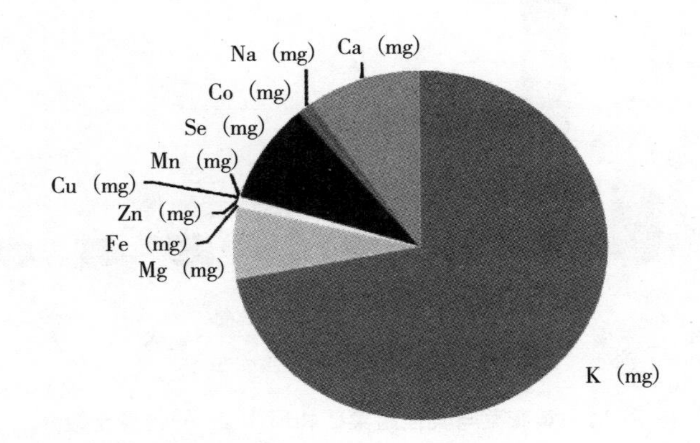

图 2–9　鲜黄花菜中各元素的含量比较

含有的 Zn 最多，干黄花中 Zn 的含量仅仅是略次于大白菜中 Zn 的含量。

研究表明，鲜黄花的花粉中含有丰富的天冬氨酸与丝氨酸

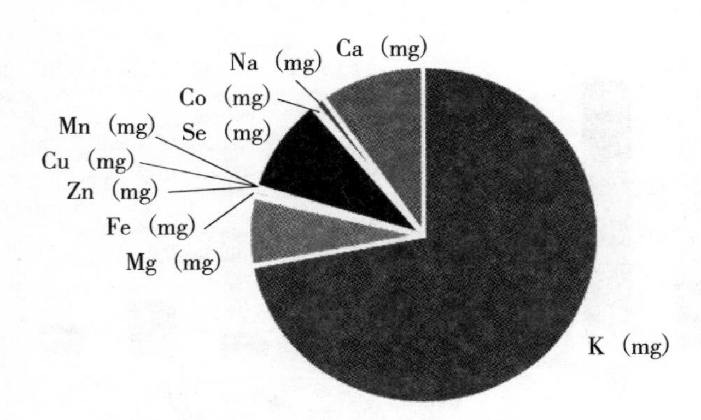

图 2-10　干黄花菜中各元素的含量比较

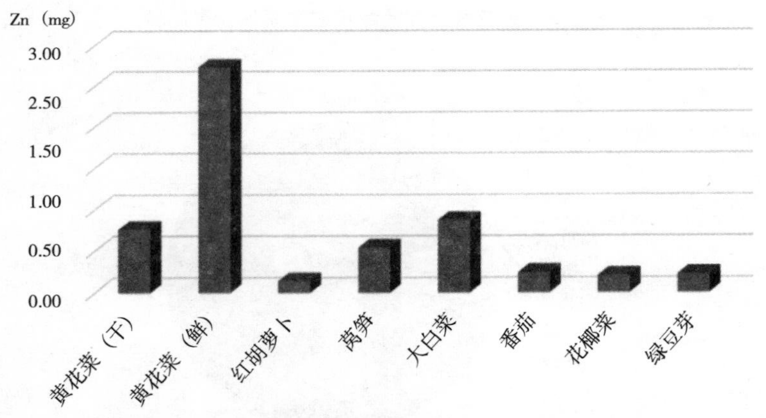

图 2-11　黄花菜与其他蔬菜矿物质中 Zn 的含量比较

等氨基酸；天冬氨酸具有改善心肌收缩的功能，同时可以降低氧的消耗量，增强肝脏功能，消除疲劳。丝氨酸尽管是一种非必要氨基酸，但是对人体大有益处，丝氨酸在脂肪和脂肪酸的新陈代谢及肌肉生长中发挥着作用，主要用在复方氨基酸制剂中，用于补充氨基酸。

3.1.2 对策与建议

为了进一步增加黄花菜产业收益，应该利用并发挥好黄花优势，延长黄花产业链，提升冷链技术等关键性技术。为此提出一些建议：

① 延长加工产业链。尽管大同是黄花的主产地之一，但是对于黄花的研究利用仍然局限于简单的加工，如：黄花饼、黄花饮料、黄花菜品等。要想将黄花产业的价值实现经济效益最大化，应该对黄花菜进行进一步的深层加工，着力延长黄花产业链，由于黄花只能食用未开花的时候，对于来不及采摘就已经开放的黄花目前只用于观赏价值，没有其他的后续使用价值，针对上述情况，我们可以将这些黄花用于研究领域以及未来进行生产、提取物质的原材料。设立一个科研公司引进人才或者与高校科研院所进行合作，将一部分黄花基地专门用作科研试验田，以及农业、生物学等相关专业的实习基地。专门研究黄花中含有的不同有效成分，并且分析各个成分中的药用价值、提取方法以及应用领域，等加工链成熟之后，建立加工厂，延长黄花加工产业链带动就业的同时，还可以不断发展以此为基准的后续产业，将不同功效的提取物研究推广到药物、保健品或者食品行业中。

例如：Se 有抗癌、抗氧化的功效，开展进行提取的研究，将有效成分用于医疗保健、化妆品等领域；Zn 对人体的生长发育、消化、皮肤、视力、衰老等生理功能发挥着重要的影响，针对黄花有助于消化、生长发育等功能，可以试图将黄花进行加工处理做成黄花酸奶；对于修复皮肤、恢复视力、抗衰老等功能可以从含量多的鲜黄花中提取相关有效物质，用于生产黄花面膜、眼药水、具有修护功效的化妆品，还可以提取精油用于美容熏蒸等。对于干黄花尽管 Zn 的含量已经没有那么高，但是相比于大部分其他植物来说仍然有着显著的优势，可以用于蒸汽眼罩的药包。与此同时，还可以在黄花菜田中进行人工养殖蜜蜂，既可以增加黄花菜的授粉，使黄花菜更加饱满，还可以通过人工养殖蜜蜂酿造黄花蜜，打造高品质、富含保健功能的高级蜂蜜，增加额外的收入。由于天冬氨酸具有消除疲劳的功能可以以此为基础引入饮料制造企业，专门研制功能性饮料，等熟悉制作管理的体系后可以成立大同自己的品牌。由于黄花菜中的丝氨酸在脂肪和脂肪酸的新陈代谢及肌肉生长中发挥着作用，由此可以考虑提取丝氨酸加工为零食、代餐、糖果等，进行科学合理的减肥健身等。同时利用氨基酸可以增加食品鲜味的功能，将提取物加工为食品添加剂中的增味剂，如：酱油。在产品检验达到预期、产业链具有规划、相关的技术成熟的时候，设立一系列的加工厂，将黄花后续产业进行有条不紊的扩大，同时通过整合各类培训、人才资源，积极组建农民教育培训学校，大力开展农业产业、富硒产品、特色烹饪、电子商务等技能培训，不断激发贫困户脱贫致富的内生动力，带动就业进一步发展。

② 建设完善主题公园，实现农旅融合。针对黄花景观期长达 40 天的优势，以创建“国家旅游示范区”为契机，建设黄花主题公园，大力发展黄花景观农业，打造黄花观光点。同时可以鼓励各大饭店以黄花为主要食材，在每年“大同黄花丰收活动月”中选定第二天作为黄花菜的新品鉴赏日。通过网络直播等方式，将黄花的做法、黄花节的热闹展现给全国乃至世界各地。在第三年体系成熟的情况下，通过网络报名购买门票，尽享“沉浸式”的体验，以分享给好友可以打折或免一个人的门票的方式扩大宣传，黄花采摘园内的村庄可以进行进一步改造，成为具有大同古建筑风格的民宿，延长大同的旅游时长，带动民宿、酒店等住宿行业的发展。

与此同时，举办黄花消夏群众文化活动，与京东农场合作建设大同黄花菜小镇，结合火山群、昊天寺等景点融合发展乡村旅游业。

将一部分产业园区作为采摘园，对游客开放，用来吸引游客，游客可以亲自到采摘园中体验采摘，游客可以将采摘的黄花带走或者到附近的小型加工坊，进行进一步的简单加工，如黄花饼、黄花菜等。

利用黄花别称萱草在文学影视著作中的寓意进行加大宣传力度，孟郊笔下“萱草生堂阶，游子行天涯”。尤其是利用当前大火的电影《你好，李焕英》的主题曲《萱草花》等产生流量效应来增加热度，将黄花田海作为拍照的背景，用于打卡拍照。在黄花田海的旁边建设一个萱草博物馆，游客可以记录旅游美好的回忆，分享一段故事。同时，可以将这些积极正能量的故事分享到各大社交平台吸引更多的人来打卡拍照，形成正反馈现象。

通过上述分析，在产业园附近可以设立系列加工厂以及物流中心，将农产品进行精细加工的同时确保对外物流的畅通。对产业园区内的村庄进行统筹规划，对村民进行系统的培训，包括饭菜质量、环境卫生等。通过采取农家乐的模式，带动村庄经济进一步发展。对于不适宜种植作物的区域进行改造，以北京蓝调庄园为例，集特色餐饮、主题温泉、加工体验、节庆活动等功能于一体，被誉为中国最浪漫的田园。该庄园在规划及建设阶段聘请法国普罗旺斯香草专家进行指导，完整地继承了法式农庄的风格。我们可以加以借鉴，打造一个集特色餐饮、加工体验、节庆活动、旅游观光、拍照摄影为一体的庄园。

大同火山群是中国著名第四纪火山群，已知有 30 余座，分布在山西省大同市云州区和阳高县境内，土壤中富含丰富的矿物质，使得农作物营养累积，富硒健康。通过科学种植谷物，种植一批高质量的作物，加以宣传，打造属于大同的高端养生谷物品牌。紧跟国家的步伐，与时俱进，大力发展电商经济，将农产品通过直播带货的方式进行销售。

3.2 第二产业

3.2.1 转型策略分析

表 2–3 SWOT 分析

外部 内部	S 优势	W 劣势
	1.煤炭资源丰富 2.工业基础雄厚 3.洗选设备由国外引进，技术性能高 4.整套生产线采用自动化远程集中控制 5.新兴产业、未来产业研发制造基地 6.拥有火山群地热资源 7.建立大同熊猫发电站	1.洁净煤技术比较基础 2. 煤炭的精细加工仍不成熟 3.煤炭入洗率低 4.本土采煤量下降 5.产业结构单一 6.生态环境遭到破坏
O 机会	SO 战略“优化型战略”	WO 战略“改进型战略”
1.国家级综改试验区政策 2.国家支持“氢都”计划，发展储氢技术 3.国家给予能源转型的政策扶持 4.风电并网技术的日益成熟，国家相关政策的大力支持 5.中部崛起机遇	◆ 将加强对地热能的利用 ◆ 建立储氢基地 ◆ 打造网红景点 ◆ 设立氢能装备创新研究院	◆ 增强对煤化工厂废水、废气的净化利用 ◆ 发展以煤为基础的循环经济 ◆ 推进活性焦干法脱硫项目 ◆ 废矿利用
T 威胁	ST 战略“转化型战略”	WT 战略“破除型战略”
1.减排压力大 2.资源枯竭 3.人才匮乏 4.竞争激烈	◆ 重视开发洁净煤技术 ◆ 建立光伏发电站 ◆ 加大地方人才引进政策扶持力度	◆积极推进氧化铝的提取和稀有金属提取项目

3.2.2 对策与建议

由于对环境保护的不断重视，在未来，洗煤技术的发展是重中之重。煤加工企业主要利用信息技术，属于技术密集型和投资密集型的产业，应采取最有利于提高我国经济社会效益的建设及运行管理方式，努力降低煤炭运输消耗和成本，实现资源优化配置。这将有助于下游行业减少燃煤粉尘和二氧化碳、二氧化硫的排放，煤渣产量也将大幅减少。这对空气污染防治、环境保护、能源资源节约都具有不可替代的作用。

在倡导开发新能源的时代背景下，基于大同长期以来发展重心在重工业——开采传统能源上，针对本地情况，工业转型既要发展新能源，同时不能完全摒弃传统能源，选择完善原有开采加工煤炭的体系。建设全国重要的煤炭产品研发和深加工基地，对煤炭进行精细化加工处理；针对煤炭入洗率低的潜在原因进行分析，对于装置规模小、项目分散、产业集中度低、煤炭综合利用程度低给出如下建议：将所有的煤矿进行统一管理，将所有采出的原煤进行统一的加工处理，既增加了煤炭的收益又保证了降污减排、保护环境，由各部分采煤量决定最后的分红收益。

针对有些煤矿因为无煤可采而被废弃的情况，可以采用两种方式。对于附近有其他煤矿的情况，由于采煤设备都较为先进，可在此基础上进行改装，变为加工厂，将煤炭“就近处理”，再集中分配，进行其他加工，既可以增加效率、收益，又将废弃的区域重新开发利用起来，带动当地的经济发展。对于周围的煤矿资源均已枯竭的情况，可以将被废弃的煤矿作为旅游景点，吸引游客观光煤炭的开发历程，讲解煤炭的历史，作为采煤博物馆对外开放，聘请专业的讲解人员为游客进行煤炭开采历程的相关讲解。

与此同时，介绍大同的“煤雕”文化，煤雕产品作为旅游纪念品售卖，进行文化输出。

目前，开发新能源产能已经是大势所趋，是未来能源的发展重心。利用荒山荒坡、厂房屋顶等空地，通过改造、新建等方式建立光伏发电站，既可以实现向新能源转型，也可以增加额外的经济收入，减少传统煤炭能源的发电消耗，所产生的收益一部分可以以补贴的方式每月给相关贫困户一定的占地补贴，帮助其脱贫；另一部分可以帮助有条件的贫困村、贫困户进行能源存储，特别是氢能的存储，建设分散式或集中式储能项目，达到对新能源的发展。

大同经济技术开发区设立氢能装备创新研究院，为氢能产业高质量发展提供智力与技术支撑，为燃料电池汽车的推广应用提供前提保障。

3.3 第三产业

3.3.1 转型策略分析

经过 IFE 矩阵分析表明（表 2–4），总加权分数为 3.0，高于平均水平 2.5。表明大同在发展旅游业中总体内部优势高于

表 2-4 IFE 分析方法

关键影响因素	权重	评分	加权分数
内部优势			
1.历史悠久，文化基础雄厚	0.05	2	0.1
2.观赏价值高	0.05	2	0.1
3.蕴含时代价值	0.15	3	0.45
4.考古价值高	0.1	3	0.3
5.政策扶持	0.3	4	1.2
内部劣势			
1.缺少文创	0.05	3	0.15
2.旅游内容单一	0.05	4	0.2
3.旅游建设薄弱	0.1	1	0.1
4.景区内缺乏夜演	0.05	2	0.1
5.缺乏可持续性	0.1	3	0.3
合计			
总计	1		3

平均水平。

大同旅游业的主要优势在于政策扶持、时代价值以及考古价值。旅游业的主要弱点是景区内容单一，缺乏可持续性的收益。

EFE 矩阵的总评分为 2.7（表 2-5），略高于平均水平 2.5，说明大同市旅游产业能够对外部的机会和威胁做出反应，可以通过适当的方式去利用有利的机会和避开不利的威胁（图 2-12、图 2-13）。

表 2–5　EFE 分析方法

关键影响因素	权重	评分	加权分数
外部优势			
1.地理区间优越，在京津冀的辐射范围内	0.2	4	0.8
2.被评为“国家旅游试验区”	0.05	2	0.1
3.部分景点名誉海外	0.1	3	0.3
4.有可借鉴的成功示例	0.1	1	0.1
5.可以与其他产业进行有机结合	0.05	2	0.1
外部劣势			
1.未规划旅游路线	0.05	4	0.2
2.景点缺乏规划管理	0.1	3	0.3
3.餐饮业分布分散	0.05	2	0.1
4.缺乏文化输出	0.1	1	0.1
5.旅游业竞争激烈	0.2	3	0.6
合计			
总计	1		2.7

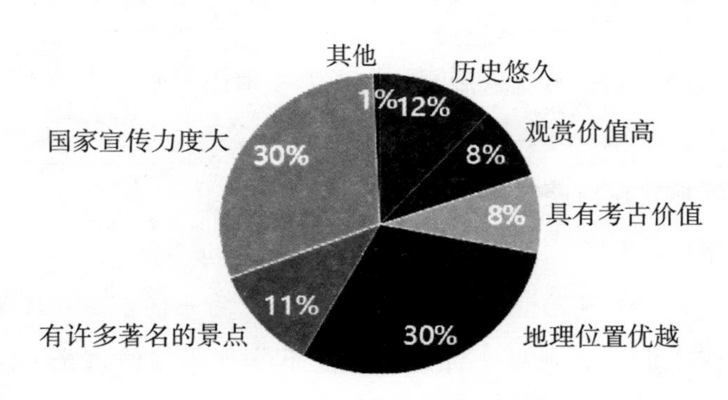

图 2–12　关于大同旅游业优势的问卷结果

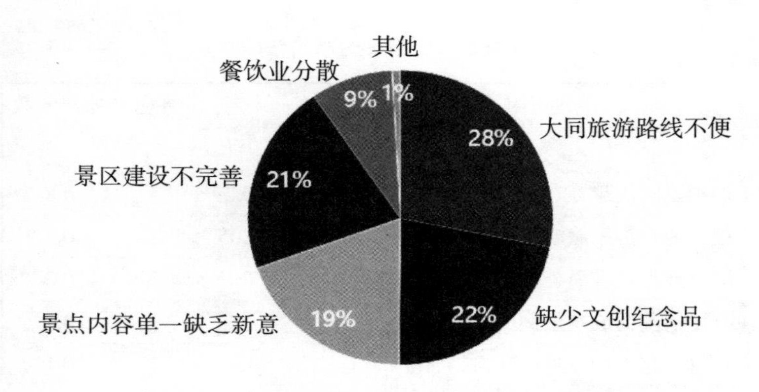

图 2–13　关于大同旅游业存在问题的问卷结果

为了探究忽略外界劣势情况下，旅游业景点自身带动收益（见表 2–6），我们进行了一些粗略的规划与设想：

红色旅游景点：

大同煤矿“万人坑”纪念馆—平型关战役遗址—平型关烈士陵园—白求恩特种外科医院遗址

经典旅游景点：

云冈石窟—黄花采摘园—火山群—恒山—悬空寺—大同古城—大同长城

区域化旅游路线

平城区：

代王府—九龙壁—钟鼓楼—上下华严寺—仿古街—凤临阁

代王府—九龙壁—钟鼓楼—上下华严寺—仿古街—凤临阁—善化寺—方特游乐场

表 2–6　旅游收益的初步预算　　　单位：元

人数	路线	交通	餐饮	住宿	门票	文娱	特产	其他(包含纪念品,工作人员收入)	累计
占总人数 0.2	红色旅游景点	30	200	0	0	80	200	100	610
占总人数 0.4	经典旅游景点	80	500	200	585	200	300	200	2065
占总人数 0.3	区域化旅游路线	30	150	0	189	200	300	200	1069
		60	200	80	470	260	300	200	1570
		30	100	0	220	80	100	100	630
		30	100	0	80	100	100	100	510
		60	100	80	380	100	100	100	920
		70	300	160	500	200	100	100	1430
		70	300	160	200	200	100	100	1130
		40	80	0	110	100	100	100	530
		40	80	0	0	100	100	100	420
		30	80	0	90	100	100	100	500
占总人数 0.1	大同黄花丰收月	150	700	400	520	200	200	200	2370
	总累计	720	2890	1080	3300	1920	2100	1700	13710

云冈区：

大同煤矿“万人坑”纪念馆—云冈石窟（—采煤博物馆）

云州区：

黄花采摘基地—氢都公园—大同土林—大同火山群(含昊

天寺可观睡佛）

大黄花采摘基地—氢都公园—大同土林—大同火山群（含昊天寺可观睡佛）—白登山（冬季可滑雪）

大黄花采摘基地—氢都公园—大同土林—大同火山群（含昊天寺可观睡佛）—白登山（冬季可滑雪）—乌龙峡，册田水库（打造家庭聚餐式旅游）

大黄花采摘基地—氢都公园—大同土林—大同火山群（含昊天寺可观睡佛）—乌龙峡，册田水库（打造家庭聚餐式旅游）

浑源县：

恒山—悬空寺

灵丘：

平型关战役遗址—平型关烈士陵园—白求恩特种外科医院遗址

阳高、天镇：温泉

经过初步规划预计人均消费 1446.27 元，预期带来新游客 50 万，则总值为 723135000 元，即 7.3 亿元。

3.3.2 对策与建议

随着旅游业的蓬勃发展，全国各地都考虑旅游业的转型，外部竞争异常激烈，要想在众多旅游项目脱颖而出就不能仅仅将各个旅游景点关联起来，更要将景点赋予“文学”色彩，增强历史底蕴。应对大同的旅游景点的分布进行一个系统的总结，寻找适合的路线将旅游景点有机联系起来，修建“旅游快线”，加强旅游路线的管理，加大宣传力度，将景点赋予“文化”价值。

为了从根本上转变大同旅游业前景淡薄的局面，就要将“景点”文学化的理念贯彻其中，现在社会上越来越重视个性美和特殊性，旅游文化也不例外。要以个性化、体验、文化为切入点，打造网红景点，开启新型文旅方式，并加以宣传，配合时下红火的抖音、快手、西瓜视频等短视频平台，以及各种线上直播平台的宣传，还可以请一些知名的网红主播进行跟拍式的旅游直播，这样可以引来频繁接触互联网新媒体的年轻人对旅游的关注和追捧，使得旅游产业向年轻化受众转型，让网红经济与影视旅游经济发展相结合。

最近“影视＋旅游”的模式，成为推广旅游景区景点的一大卖点。最新的政策显示，未来 5 年文化和旅游业将成为我国发展规划的重头戏。在“十三五”期间，中国的文化产业增加值占地区生产总值比重达到 4%以上，电影产量每年稳定在 3~5 部，电影票房年均增长 15%以上，突破 10 亿元。影视作为文化产业的主力军，与旅游产业联姻必将是大势所趋。“文化＋旅游”融合发展已经是未来文化转型的热门趋势。电影《你好，李焕英》票房口碑双丰收，影片取景地湖北襄阳某化工厂也突然火爆，不少游客前去打卡。襄阳市文旅局表示，《你好，李焕英》带火了众多如“卫东”这样的三线工厂旧址，实现了“影视拍摄基地 + 工业遗产 + 怀旧游 = 襄阳网红打卡地”的华丽转身。2020 年 2 月 11~17 日，襄阳市共接待游客 83.76 万人次，实现旅游收入 15404 万元。

由此，为赢得消费者和游客的体验需求，可以依托周边的著名景点设置私人定制式的跟踪拍摄线路，根据已有的剧本以及规划好的旅游景点路线来进行边玩边拍摄的特色体验。大同有历史悠久的文瀛湖国家自然公园、精美华丽的代王府、气魄雄伟的云冈石窟、奇特壮观的悬空寺、神秘莫测的土林地貌、蔚为壮观的九龙壁、殿宇嵯峨的华严寺等，名胜风光应有尽有。可以考虑设置“仙侠剧影视拍摄订制游”“民族风情影视跟拍订制游”“亲子戏水家庭风跟拍游”等私人定制式的影视与旅游结合的线路。

建设影视主题公园，通过采取建设影视基地的方法，为打开大同文旅市场引入新源泉。大同作为北魏的都城，有着很强的文化优势，以仿古街为基础可以打造影视主题公园，大同市华严寺仿古街古称下寺坡街，全长 571 米，整条仿古街由南向北呈“一”字形，并有小巷和相邻街区连接，整体为仿北魏时期的二层建筑，吸引了许多外地游客前来参观。以往的旅游街区模式多为历史街区，对于历史街区的改造很多地方采取的方式都是大拆大建，往往破坏了原有的具有历史意义的古建筑，而换成新的建筑。华严寺仿古街坚持“保存原貌、适度修复”的原则，对于拍摄历史剧取景来说，是一个最大限度还原历史风貌的拍摄基地。

建设云冈学院。在新时期，按照习近平总书记的重要指示，致力于云冈石窟保护与研究的各界人士，在建设“云冈”学科高地的过程中，不仅要有效挖掘云冈石窟的历史、文化和科学价值，找到历史与现实的结合点，还要充分发挥云冈石窟的文化传承、社会主义教育和公共管理服务系统功能，不断弘扬中华优秀传统文化，激发起各族人民的民族自信心和文化向心力，增强实现中华民族共同体的思想意识，增强中华民族凝聚力。围绕鲜卑人的衣帽服饰、具体器物与民族融合的关系，以及文创和旅游等具体问题进行考古研究。

进行云冈文创。文化创新是通过深入挖掘世界遗产的文化内涵，试图构建一套与其文化表达相一致的叙事逻辑，从而将文化创作从“形象”拓展到“故事”。故宫文创产品销售额从2013 年的 6 亿元增长到 2016 年的近 10 亿元。而在 2017 年，故宫博物院所有创意产品年收入 15 亿元。由此可见，文创前景十分可观。通过对历史的研究，可以举办晚会，观赏身着胡服戎装跳着“胡旋舞”的表演，打造大同文创的一个 IP。同时，可以创造大同的其他 IP，将其推广应用，如，化妆品包装盒、门票、特产礼盒等。

规划“京晋冀”路线，大同有先天地理位置上的优势，在北京、雄安新区甚至可以说是在京津冀可辐射的范围领域，通过加强与京津冀的交通联系，如：加快修建开通大同—雄安新区的高铁及公路，可以进一步打开与外界的通路，政府通过发布一系列优待政策，吸引人才落户大同，从而带动大同科技、经济快速发展。

第四章　结论

表 2–7　PEST 分析

	优势	劣势
P 政治	1.国家级综改试验区政策 2.领先打造“氢都”,发展储氢技术 3.国家给予能源转型的政策扶持 4.风电并网技术的日益成熟,国家相关政策的大力支持 5.旅游景点蕴含时代价值 6.国家旅游试验区 7.地理区间优越,在京津冀辐射范围内 8.人才引进政策	1.绿色新能源的替代 2.未规划旅游路线 3.景点缺乏规划管理 4.缺乏积极的宣传
E 经济	1.煤炭资源丰富 2.工业基础雄厚 3.旅游业有一定的基础 4.部分景点名誉海外 5.火山土壤有利于农作物的种植	1.煤炭入洗率低 2.本土采煤量下降 3.产业结构单一 4.缺乏与其他产业进行有机结合 5.餐饮业分布分散 6.黄花产业链分散,缺少有机结合 7.农产品销售渠道单一 8.缺乏对农田、土地进行长远的利用

续表

	优势	劣势
S 社会	1.利用火山群发展地热能 2.历史悠久，文化基础雄厚 3.考古价值高 4.黄花文学意义深厚 5.具有观赏价值，花期长达 40 天	1.缺少文创 2.旅游内容单一 3.旅游建设薄弱 4.景区内缺乏夜演 5.缺乏可持续性 6.旅游业竞争激烈 7.缺乏文化输出 8.消费者对黄花食用存在误解
T 科技	1.洗选设备先进，技术性能高 2.整套生产线采用自动化远程集中控制 3.新兴产业、未来产业研发制造基地 4.建立大同熊猫发电站	1.洁净煤技术比较基础 2.煤炭的精细加工仍不成熟 3.国外工艺水平高 4.采摘效率慢，大部分黄花只能用于观赏 5.农产品加工简单 6.缺乏对农作物进行深入研究加工的技术

通过上述的分析，可以得出如下结论：科学引导替代产业的选择，根据大同当地的实际发展情况对症下药，依靠自身资源优势、区位优势和工业基础等寻找一条科学的经济转型之路，能源转型是基础，旅游业发展是重心，农业发展来辅助，使得大同经济转型稳中有进。

参考文献

[1] 张保留，王健，吕连宏，夏捷，杨占红，罗宏. 对资源型城

市能源转型的思考——以太原市为例 [J]. 环境工程技术学报，2021,11(01):181-186.

[2] 李国华. 洁净煤技术的推广应用[J]. 洁净煤技术,2006(02):96-98.

[3] 马祥,米渊,马晓宁. 风力发电并入大同电网对电网的影响分析[J]. 中国电力教育,2014(09):240-241.

[4] 寇福明. 云冈石窟是增强中华民族凝聚力的历史宝库[N]. 山西日报,2021-01-27(003).

[5] 莫莉芬芳. "影视 + 旅游"模式下的桂林影视基地建设研究[J]. 大众文艺,2020(02):179-180.

[6] National Research Council. "Recommended Dietary Allowanees". 10th Edition Washington, D. C.; National Academy Press, 1989.

[7] 杨旭峰. 乡村振兴战略背景下大同黄花的发展与分析[J]. 品牌研究,2020(03):86-87.

[8] 田泽全. 大同黄花:云州群众的脱贫致富花[J]. 中国中小企业,2019(08):72-75.

[9] 刘滕. 资源枯竭型城市旅游发展路径研究 [D]. 西北师范大学,2019.

[10] 王晓琦. 资源型地区经济转型中的政府职能研究[D]. 山西大学,2020.

[11] 余蕾. 大同黄花农产品区域公用品牌传播策划案[D].

浙江大学,2019.

[12] 卜月娟. 黄花蒿二萜代谢多样性及其生物学功能研究[D]. 华侨大学,2020.

[13] 山西大学“云冈学”研究方向简介[J]. 山西大学学报(哲学社会科学版),2021,44(01):161.

[14] 史涌涛. 在云冈, 读懂天下大同——聚焦云冈石窟蕴含的各民族交往交流交融的历史内涵[J]. 文化产业,2020(16):98-102+104.

[15] 李君,张庆捷. 继承、提升、引领云冈学的巨著[N]. 中国文物报,2020-01-24(005).

[16] 李生明. 转型中大同要做好煤炭清洁高效利用“文章”[N]. 大同日报,2018-12-03(003).

[17] 许盼. 故宫文创:六百岁紫禁城焕发新活力[N]. 中国民族报,2021-02-19(005).

[18] 张宏. 让“旅游 +”助力大同文旅发展[N]. 大同日报,2020-09-02(004).

[19] 陈美莲,王祎奇. 大同市旅游资源优势与发展方向[J]. 山西大同大学学报(社会科学版),2020,34(03):115-118.

[20] 刘杨. 基于文化旅游视角的大同古城保护规划研究[D]. 广州大学,2020.

[21] 李波. 大同市云州区乡村旅游发展研究——在精准扶贫背景下[J]. 北方经贸,2021(02):156-158.

[22] 黄承伟. 深刻领会习近平精准扶贫思想坚决打赢脱贫攻坚战[EB/OL]. (2017-08-23)[2020-12-21].

[23] 李甲岚. 大同市资源型经济转型中旅游产业发展研究[D]. 山西财经大学,2017.

[24] 张长福. 大同市基于光伏产业的耦合研究[D]. 中国地质大学(北京),2017.

[25] 翁帅,左梅. 山西省氢能源发展对策研究[J]. 山西科技,2020,35(01):17-20+25.

[26] 张春侠. 大同市副市长荆虎:争当对外开放和能源革命的"尖兵"[J]. 中国报道,2019(08):46-48.

战"疫"有我，科研助力
——单克隆抗体研发实践及调研

第二十届"挑战杯"大学生课外学术科技作品竞赛

（哲学社会科学类调查报告）

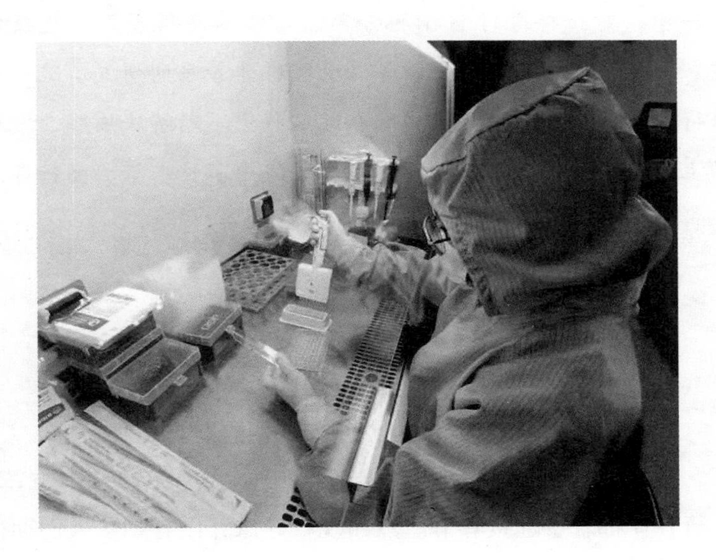

2021.3

摘要

2020 年春节，新型冠状病毒（nCoV-2019）肺炎突如其来，全球肆虐，打破了原本平静的生活，夺走了许多鲜活的生命，深刻改变着这个春天，疫情的强度和扩散速度牵动着国人的心，在这场没有硝烟的战争中，国家和人民迫切地需要在相关试剂、疫苗、药品等研发中取得突破。作为从事科学研究的高校学生，我们跟随导师团队，参加了关于新冠感染患者治疗药物研究项目从课题确立、方案提出到药物研发的整个过程，希望为抗击疫情贡献自己的力量。本文分享了在抗体研发实践过程中，对血样进行B细胞分离、与假病毒结合产生免疫细胞、分选抗体、筛选高效抗体、克隆抗体等系列研发情况和所取得的成果，同时分享了团队在此过程中不断解决困难、迎难而上的实践感悟，以此致敬抗疫攻坚战中不畏艰险、坚持奋战的科研工作者及各行各业的逆行者。

关键词： 新冠肺炎；单克隆中和抗体；药物研发

第一章　实践背景

2019年末，我们的国家一如既往，“年味”逐渐变浓，各行各业都着手迎接春节。然而现状好像并没有朝着人们期待的方向前进，一场无妄之灾空降武汉，冲淡了“年味”。一时间人心惶惶，胆战心惊，没有了觥筹交错，没有了走亲访友，迎接我们的是一场考验。这场疫情毒燎虐焰、势不可当，一场没有炮火的战争就此拉开帷幕。

在2019年12月、2020年1月，新冠疫情暴发后临床资源快速击穿，尽管政府竭尽全力建造新的诊治医院来尝试缓解床位不够的现状，但是现实依旧残酷，在疫情传播峰值附近时，患者呈指数形式增多，扩建的床位依旧赶不上每日新增的患者数量，医院变成了主战场。一次偶然的机会，看到一篇特别的报道，描述了病人在感染后接受治疗时的感受：本质上和溺毙相同，大量的水流进肺部灌满，氧就无法进去了。所以病人会痛呼，会哭着叫喊说："医生，求你救救我"，患者在治疗过程中剧烈挣扎，直到生命的最后一刻。

最初的阶段，抢救方法主要是直接给每一个病人体内输送少量的纯氧，经过三五天的初步抢救之后，如果病人体内的血氧饱和度能够恢复到正常的区间范围，就说明患者已经挺过了最危险的一关——呼吸衰竭。否则，就需要直接接上无创呼吸机，抑或是直接切开呼吸气管，在插入的呼吸器上接上有创呼吸机，进行进一步的抢救。在整个治疗过程中，病人容易出现呼吸疲劳，需要承受难以想象的痛苦。

尽管我没有目睹那一幕幕凄惨的场景，也没有亲耳听到那一声声绝望的哀号，但是我的内心却像是压了千万斤重的巨石一般，沉重得无法呼吸。

另外一篇报道讲的是无数的白衣战士纷纷签下请战书，主动请缨支援前线，他们也有父母，有孩子，有伴侣，他们有着太多的身份；他们是父母，是子女，也是伴侣，他们承担着太多的使命与责任。他们一定知道此去有多么危险，但是在国家危急关头，他们并没有选择退缩，而是敢为天下先，毅然舍弃小家，奔赴前线成全大家，成为“最美的逆行者”。只为了竭尽所能挽救更多患者的生命，不再让更多的家庭承受丧亲之痛。

看着这一篇篇的前线新闻报道，我不禁感慨且十分动容，同时又为我之前的那种侥幸心理感到十分羞愧。在一次关于全国广大青年共产党员特别代表教育工作者专题座谈会上看到习近平总书记曾经这样说道，广大青年一定要始终永远保持初生牛犊不怕虎的顽强奋斗劲头，不懂什么就去学，不会什么就去练。如果没有合适的环境，就努力地去自己创造条件。要始终坚持做勇于担当、争先做事的先锋，而不是想着去做一个过客、当一个看客。要让自己的宝贵青春岁月、美好年华永远在为党、为人民的奉献中焕发出绚丽光彩。

习近平总书记在讲话中强调，要积极地组织各级科研机构、高等学府以及政府和企业开展科研项目攻关，急需对感染病毒后患者提供紧急有效的治疗方案和药物支持，加大对相关疫苗、试剂、方剂药物的研制工作力度，争取早日地突破这一难题，取得新的成就。由此让我们每一个公民都觉得自己使命在身，有责任和义务去分担难题，克服种种艰难困苦。

疫情当前，医疗设备紧缺，人员也时时处于供不应求的境地，面对此情此景，满腔热血的我们一心为祖国做贡献，在提交志愿申请后，在学校的推荐下，我们加入了山西省人民医院李亚峰主任所带领的团队，于 2020 年 4 月初，我们到达南京医学实验室跟随导师投身一线开展科研和相关的社会调研工作，研发中和抗体。大致流程为：对血样进行 B 细胞分离工作并且与假病毒结合产生免疫细胞，分选出抗体、继续筛选出高效的中心抗体，最后对抗体进行克隆。抗体研发刻不容缓，早一秒研发就意味着挽救更多的生命，减轻患者的痛苦，为人民的生命安全提供了保障。18 个月的实验周期无疑是我们研发疫苗过程中的巨大阻力，面对无数大大小小堆满了的血液样本，用时不可估量，但是为了保证疫苗研制的效率，导师带领专业团队夜以继日奋战在一线，我们在后方对已康复患者捐献血浆进行动员工作，并且进行了相关的社会调查，之后在实验室对采集样品进行分类，再用试剂盒富集人体 B 细胞将其标注冻存，为后续的实验工作提供准备条件，在后期积极参与科研工作，贡献出一份属于我们当代青年的力量。

第二章　实践历程

2.1　项目的提出

2019 年 12 月 12 日，新型冠状病毒在武汉大规模暴发，其具有传染性大、潜伏期长、人传人等特点。当时，确诊的突发病例近 3000 例，死亡近百例，全国省、市、自治区已经全部开始对重大城市突发公共卫生安全事件紧急进行一级应急反应。这是继 2002 年的 SARS 和 2012 年的 MERS 后的第三种高致病性的冠状病毒。

武汉病毒所石正丽团队 2020 年 1 月 22 日在 bioRxiv 刊文，确认 nCoV-2019 与引起 SARS 的 SARSr-CoV 序列同源性为 79.5%，同属一个种属，同时利用分离获得的病毒株证明 nCoV-2019 通过与 SARS 相同的 ACE2 受体途径侵染细胞。

为了有效抗击疫情，除了准确、快速的诊断之外，急需要对感染后的患者提供紧急有效的治疗方案和药物支持。在当时批准的治疗方案中，针对轻中症的治疗尤为关键；因为针对感染治疗的关键就是（超）早期治疗。一旦发展到重症，则病死率立即大为增高。

由此，我们团队的志愿者们在进行为时两天的专业知识培训之后便展开了讨论，目前常用的治疗方法、手段是什么，不同方法的优势、劣势以及根据最适合当前情况的方法进行深入研究，对感染后的患者提供有效的治疗方案。

针对新冠病毒感染（COVID-19）的治疗，可以找到的针对不同病情严重程度的有效治疗方案包括：①针对危重症 COVID-19，应用地塞米松免疫抑制治疗；②针对重症 COVID-19（需要吸氧），授权物瑞德西韦（吉利德公司研发）抗病毒治疗；③针对轻中症 COVID-19，授权单克隆抗体（分别由礼来和再生元公司研发）治疗。

对于抑制病毒复制类的小分子药物研发，除了小分子药物具有极大的毒副作用外，无论在SARS还是MERS疫情中，都没有取得较好的成效。因此，对nCoV-2019筛选病毒复制类抑制剂药物，难度高、周期长，而且RNA病毒具有高度变异性，很难持续发挥疗效作用。

武汉病毒所石正丽团队之前发表系列相关的文章已经证实nCoV-2019与引起SARS的SARSr-CoV序列同属一个种属，通过查找大量的文献，我们从SARS疫情中通过为发病患者输入恢复期患者的血清的方式显著降低了发病人员的死亡率的案例中受到启发。因此，在最短时间内高效率地获取康复患者的中和抗体用于nCoV-2019患者的治疗，对疫情防控和降低死亡率具有重大意义。

中和抗体（nAbs）是一种被用于多种传染病治疗的策略。石正丽研究团队在应用Vero E6细胞系建立的nCoV-2019侵染的细胞学病变模型中，证实5例患者的血清都具有阻滞nCoV-2019侵染的中和抗体功能。

常见的利用恢复期患者血清进行的多克隆抗体疗法、静脉注射免疫球蛋白疗法和体外制备单/多克隆抗体疗法，都在不同疾病防控中发挥了作用。也由此，单克隆抗体成为治疗新冠病毒感染的首选药物，包括前美国总统川普在确诊COVID-19感染后，第一时间使用了单克隆抗体疗法。

单克隆免疫抗体大致经过产生鼠源抗体、嵌入式免疫抗体、人源化抗体、全人源化抗体四个发展阶段，也逐步成熟发展衍生出杂交瘤抗体技术、噬菌体分子显示细胞技术、天然完整性的人源库抗体技术和单克隆B免疫细胞抗体技术。

对比传统的抗体发现技术包括杂交瘤技术和噬菌体展示技术。杂交瘤技术一般用于小鼠来源单克隆抗体的研发，主要是小鼠脾脏中处于快速分裂期的浆母细胞与小鼠骨髓瘤细胞系的融合，这显然无法应用于人；噬菌体展示技术可以用于人来源的B细胞构建噬菌体库，但是由于不同B细胞来源的重链和轻链相互随机配对，即使库容量很高的情况下，也较难筛选到高亲和力抗体；即使筛选到阳性克隆也仍需要在体外开展大量的亲和力成熟的工作。

单B技术应用记忆B细胞分群标志物，配合荧光素标记的特异性病毒抗原，通过流式细胞仪分选、基于CHO的抗体表达体系，在4~6周内可以获得nCoV–2019特异性的高通量抗体库，其中的阳性克隆可以在2周内获取5~10 mg抗体，用于中和功能分析和动物攻毒实验。一旦动物实验确认功能，即可通过CHO系统表达克级抗体，用于临床前实验和紧急疫情防控。

单个B细胞技术多数都整合了高通量模型进行筛选，在一天内可以筛选数以万计的B细胞。本次实验也主要涉及了高通量筛选技术HTS，以提高人体的分子水平和细胞层质的各种检测方法作为技术基础，以微板的形式制成作为各种实验手段和工具的载体，以一套自动化的操作系统来控制和执行实验的全过程，以灵敏迅捷的检测仪器方式来采集实验结果资料，以计算机的分析方式对各种实验资料进行综合处理，在同一个时间内对数以千万计的样本进行检测，并以此获得的资料及其所对应的数据库来支撑正常运转的科学技术框架，它们都具有微量、迅捷、灵敏和精度高的特点。简言之就是我们可以通过一次次的实验来获得大量信息，并从中寻找有价值的资料，极大地提高效率。

单 B 细胞抗体克隆技术是目前速度最快、效率最高的单克隆抗体发现技术，可直接从康复患者外周血淋巴细胞中分离出这些抗体的基因序列，从中筛选出最能满足临床要求的抗体，并用基因工程手段进行大量生产。

本次研究所涉及的单 B 细胞克隆技术的优势在于：抗体由康复患者自然产生，可以特异性识别 nCoV–2019；周期短，4 周内即可由康复患者外周血样本拿到候选抗体，为保护抗体、治疗药物的研发争取宝贵的时间；通量高，可以在 4 周内获得上千种不同的抗体株供后续筛选，大大保证了抗体的多样性，对于筛选到具有最好效果的中和性抗体，具有非常重要的意义；本研究项目中获得的抗体本身就是人源的，无须再做人源化改造，进一步加快了研发速度，降低了使用风险。因此，基于单 B 技术从恢复期患者外周血中获取治疗性中和抗体，是目前条件下最有前景的方法。

鉴于以上不同抗体进行比较，同时还要考虑作为 RNA 的新冠病毒可能会随时间发生突变和抗体在临床上使用过程中存在的潜力逃逸的风险，我们大胆提出中抗体鸡尾酒疗法。

抗体鸡尾酒疗法不单单是传统抗体组合联用的方法，更是一种通过不同的比例和组合把不同的抗体混合为一个药物，弥补单一抗体作用的不足，实现“1+1＞2”的药效作用的新形式。抗体鸡尾酒设计的初衷就是为了联合不同抗体的优势。目前抗体鸡尾酒疗法研究主要集中在抗感染和肿瘤领域，之所以在这两个领域研究较多，是因为这两个领域能最大限度地发挥鸡尾酒疗法的优势。

2.2 实验过程

图 2–14 为本团队对中和抗体实验的工作安排：

首先是取样和冻存的环节，对于感染新型冠状病毒的患者，确诊康复后恢复的第 0 天、第 7 天、第 14 天，由专业技术人员分别取肝素抗凝外周血 8~10 ml，外周血淋巴细胞（PBMC）的获取可以通过使用人外周血的淋巴细胞分离液得到，再经人 B 细胞富集试剂盒（美天旎，EasySep）进行富集，每次采样后我们的主要工作就是将富集的 B 细胞用细胞冻存液 –80 度冻存 3~4 支。按照同样的方式，实验初期收集了 10 例康复患者的外周血淋巴 B 细胞，每个样本分为 3~4 支进行标签冻存。尽管这个过程相较于其他而言是最简单的，但是对于初来乍到的我们来说仍然遇到了不少的困难，如在将细胞分离出来之后进行冻存的环节。在这个环节中，为了加快速度，

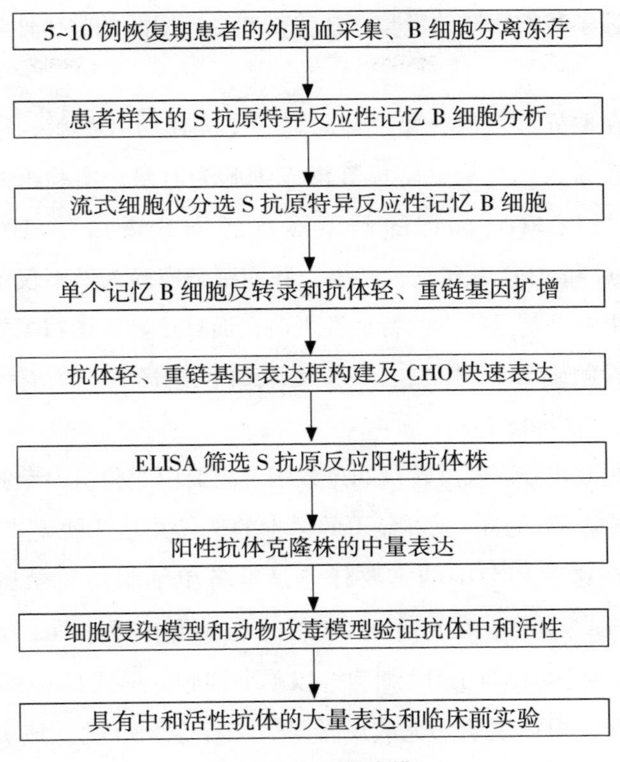

图 2-14　工作安排

我们进行进一步细分，每个人负责一个环节，形成流水线式的工作，这样确确实实提高了整个实验的进度，但是在后期寻找样本的时候，因为之前的无序存放，尽管每个样本都有相应的标签，但是我们仍然浪费大量的时间寻找，经过我们团队的反思与研讨，我们在后期学会分批次放置以及追踪到各个环节的人，这样不仅加强了我们的逻辑感，提高了整个实验的效率，还加强了我们团队的默契，让我们感受到团队的整体性与凝聚力。

在取样结束后，每个样品取一支冻存的 B 细胞，以未感染的正常人的外周血富集 B 淋巴细胞为对照，实验组内的专业人员用 FITC 标记的新型冠状病毒 S 蛋白（FITC-S）、PE-IgG 和 APC-IgM 三色共染，我们跟随实验人员不仅了解到了 S 蛋白是新冠病毒的特征性蛋白，而且还参观学习了如何用流式检测确认不同样本中 S 抗原特异性记忆 B 细胞有无和比例（S+/IgG+/IgM-）。

在流式分选及反转录的过程中，主要由实验组内专业人员进行 S+/IgG+/IgM- 亚群显著的样本的选择并且开展流式分选。我们在这个环节中的主要任务是准备单细胞反转录试剂盒（Vazyme N711），在 96 孔 PCR 板的每个孔中加入 6 μL 细胞裂解液，将 S+/IgG+/IgM- 细胞群以单个细胞的形式打入 96 孔板每个孔，根据说明书完成反转录，冻存于 -80 度。该实验过程从 4 月初开始进行到 5 月中旬才完成，用了一个多月的时间进行高通量筛选。

在筛选过程中，我们采用了均相时间分辨荧光技术（HTRF）进行新冠阻断抗体的筛选工作，这个过程操作简单，但是要进行大量的重复试验，由于巨大的工作量以及烦琐枯燥的实验过程，在这个过程中期，我们有一些倦怠，但是想到亲赴一线的导师日夜辛劳，与时间争分夺秒的情景后，我们团队意识到时间弥足珍贵，重新振作了士气，在接下来的工作中，干劲十足，在长时间的工作后，我们会以参观实验其他过程的方式，在休息之余增长知识。在该阶段结束后，我们每一个人都受益匪浅。

我们通过 5’-race 技术对抗体基因进行调取、抗体表达及初筛，实验组内专业技术实验员从 96 孔板每个孔的单个 B 细胞反转录产物中，获取抗体的轻重链基因表达序列，构建为表达框后转染 CHO 细胞，7~9 天后收集表达上清，再进行基于 ELISA 的 S 蛋白反应性检测：即将 S 抗原包被在ELISA 板上，加入抗体表达上清，利用 anti-human IgG-HRP 检测抗体阳性孔。这个实验过程中，我们的主要工作就是用移液器帮忙加样并且进行时间记录等基础操作。公司中的核心技术人员通过 Add&Read competition 和 Pseudovirus neutralization 等技术对抗体进行筛选和鉴定。

经过上述筛选获得的阳性克隆，用 CHO 细胞进行中量表达，获得 5~10 mg 抗体。在细胞表达抗体的实验环节中，我们进行一些辅助工作，如：收集抗体、利用细胞给抗体分装等。通过细胞学实验和动物实验得到具有中和功能的抗体株。对于具有中和功能的不同抗体株，利用竞争 ELISA 实验开展表位识别区域分群的实验过程，专业技术人员用 Octet 测定抗体亲和力，最后根据表位分群数据、亲和力数据，选择单抗或不同单抗的组合，可以开展临床前 IND 申报、动物实验以及临床试验。由于上述实验过程所用到的样品极其珍贵以及所涉及的技术含量较高，操作复杂，任务繁重，均由专业人员全程操纵，我们只是进行了一些简单参观以及理论上的了解。

研究过程中对 VA5 案例中进行假病毒中和活性抗体的多样性的检测。在这个过程中，由于病毒的珍贵性以及无菌等严格的操作条件，我们只能为技术人员提供一些简单的辅助性的帮助。如：传递耗材，酶标仪检测时参与加荧光素酶活性检测试剂（Bio-Lite）等。经检测发现编号为 VA5-A-3、VA5-A-26、VA5-A-36、VA5-A-54、VA5-A-66、VA5-A-84、VA5-B-6、VA5-B-62、VA5-B-62、VA5-B-73、VA5-B-83 的抗体都已构建表达载体，且在假病毒实验（1：10）中的抑制率分别高达 98.63%、96.63%、98.37%、97.48%、82. 4%、81.45%、92.38%、92.35%、77.9%、97.13%。

同时还对抗体 8-1 和 4-1 样本进行了竞争实验的检测与分析，再与阴性上清作为参照对比，同时对纯化后抗体的抑制曲线进行了分析，检测与分析的结果证实：①抗体 4-1 在第 1~5 孔对细胞有完全保护作用，至第 6 孔开始有明显病变，即表示 4-1 在浓度为 4.15nM（0.625 μ g/ml）情况下，可以完全阻断新冠病毒对 Vero-E6 细胞的感染；②抗体 8-1 在第 1~6 孔对细胞有完全保护作用，至第 7 孔开始有明显病变。即 8-1 在浓度为 2.1nM（0.313 μ g/ml）情况下，可以完全阻断新冠病毒对 Vero-E6 细胞的感染。

进行真病毒实验，旨在获得不同表位的高亲和力抗体对SARS–CoV–2 感染 Vero 细胞时所产生的保护作用时的 IC50；同时通过真病毒实验验证我们选择的一对鸡尾酒抗体。本团队对通过梯度稀释的抗体与等计量的病毒在 37℃孵育后，加入铺好 Vero 细胞的孔板，观察并记录病毒所导致的病变斑块，最后统计记录的数据，获得中和抗体对病毒中和作用的 IC50等的实验步骤进行分析。主要对 10~20 个 SARS–CoV–2 不同表位抗体（来源于康复患者，经假病毒验证具有中和活性），SARS–CoV–2 病毒，Vero cells 等的细胞做研究。

2.3 研究成果

中和病毒抗体的免疫作用及其原理主要指的是通过抑制中和宿主病毒的免疫活动，保护其他的宿主不会再受到病毒感染。它指的是一种能够具有有效阻止中和病毒直接进入损害人体宿主细胞的独立特异性免疫抗体。

这款试剂盒（图 2–15）主要用于定性检测人体血清 / 血浆中是否存在针对新型冠状病毒的中和抗体，可以为评估免疫水平和疫苗接种效果提供快速准确的参考。保护性抗体亦即中和抗体，它主要是由于一个人在接种该类疫苗后的一系列免疫反应而产生的，它的作用与其效价会直接影响到该类疫苗的药物临床作用与功效。此外，中和抗体对于抗体药物筛选及协助社会流行病学调查具有重要意义。正如WHO 在其发布的一份基于 2019（covid–19）病毒感染的老年患病人群的全国分层阳性血清病毒流行病学临床研究课题调查合作协议中所提到的那样，若在老年进行分层血清病毒样本抗体检测时，对应的IgM，IgA 或 IgG 均为抗体阳性或有可疑，就必须同时加强检测其中的中和抗体。

新冠病毒中和抗体 ELISA 试剂盒特点：

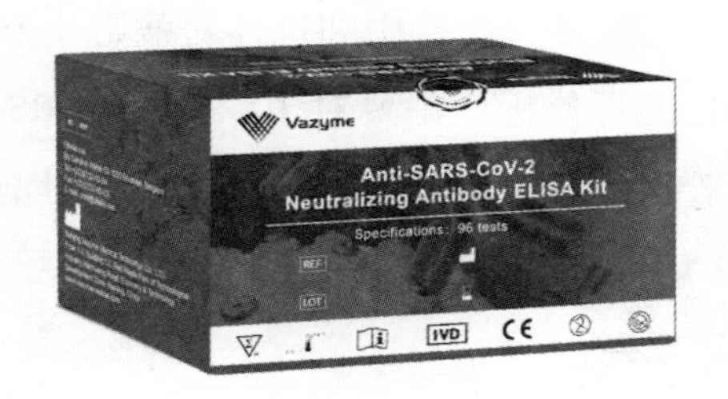

图 2-15　试剂盒

◆特异性强

◆高通量检测

◆采血取样，不接触病毒

◆缩短检测时间，高效便捷

临床评价：

试剂盒共鉴定出 84 例 PRNT50 滴度>4 的疫苗受试者阳性血清（n=87）。

如图 2-16 所示，随着 PRNT50 滴度从 4 上升到 4 ~24，24 ~ 48，48 ~ 96 及96 以上，中间抑制率（抑制 RBD-ACE2 结合）从 5%上升到26%、37%、69%和 75%（虚线为 20%cut-off）。

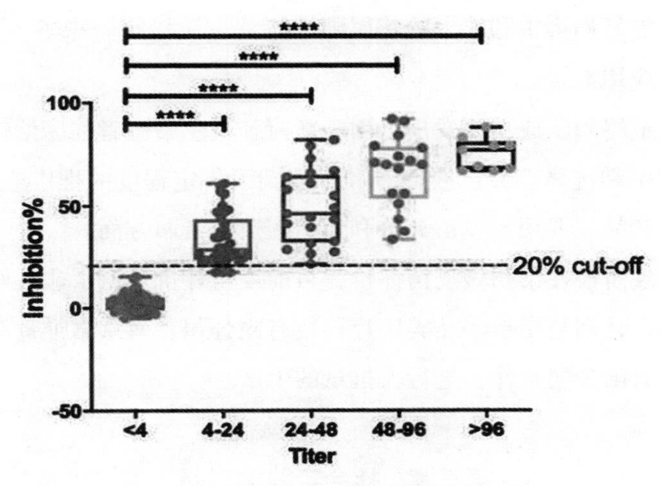

图 2–16 临床测试

研究对比：

表 2–8 中和抗体研发现状对比

	抗体来源	与靶点亲和力	病毒中和能力IC50
Vir biotechnology/华盛顿大学	SARS康复病人	0.1nM	未报道
深圳三院/清华张某	新冠康复病人	2nM和5nM	未报道
微生物所/深圳三院	新冠康复病人	4nM和70nM	0.9ug/ml和10ug/ml
北大谢某	新冠康复病人	0.82nM	0.015ug/ml
军科院陈某	新冠康复病人	1nM	0.6ug/ml
牛津大学	SARS康复病人	19~30nM	10ug/ml

10ug/ml 通过以其他团队研制出的抗体进行比较（表 2–8），可以看出我们发现的高亲和力中和抗体足够多，从这些候选抗体中很可能筛选到更好病毒中和能力的抗体，或者筛

选到更好病毒中和能力的鸡尾酒抗体。

应用前景：

最终团队成功研发出可用于新冠肺炎感染患者临床治疗的新冠中和抗体，并已获得专利，得到了一定程度的推广应用。目前产品主要用于疫苗评价和救治新冠患者两方面。

现阶段在泰州做疫苗评价，目前疫苗评价获得了非常好的应用，计划与南京华兹美医疗科技有限公司、南京诺唯赞医疗科技有限公司合作，进行大批量的生产。

第三章　社会实践的感想

值得庆幸的是，在中国共产党的科学防疫和正确指导下，有着 14 亿人口的泱泱大国，全国上下精诚团结、勠力同心，使得新冠疫情在我国得到有效的控制，英国有位博主的评价是，中国作为有着 14 亿人口的国家，比世界上任何一个人数远远少于中国的发达国家控制得还要好，如果非要做比较的话，大概只有同样有着 13 亿人口的印度作比较了，结果显而易见。

各国的防疫形势好像一面镜子，映射出各自独特的道德和伦理文化。价值概念的差异，使得相同的事物呈现了不同的应对方式。在西方国家，戴上口罩被普遍视为是不健康的代表性象征，限制其活动和出行则是对于自由的一种阻碍。背后所体现和反映的是人类、社会的文化和精神心态。反过来，也可以理解为何中国的老百姓都觉得配合国家做好抗击疫情的工作，这是理所当然的。疫情的防控背后折射着一种中国特色的伦理文化，就是一个中国人传统骨子里的民族国家情结和对祖国的热衷来自“整体精神”，蕴含着一种中国特色社会主义核心价值观和制度伦理价值观。中国传统道德文化的这种性格“整体精神”已经在此次中国抗击流感疫情的防治工作中得到充分体现。在这次新冠肺炎病毒疫情的防控中，我国的联防联控工作得到了群众的认可和积极响应与配合。与此同时，不少西方国家的群众明知道自己患有新冠肺炎，自己国家疫情有多么严重，但他们就是不肯佩戴口罩，也不愿意限制各类活动的出行。这种“整体精神”观念是中华民族已经继承了数千年来的传统文化和精神传统。这个社会传统就是我们在处理自然人的个体利益和社会整体利益之间的关系时，看重“整体精神”，看重“公利公义”。中国人骨子里那种民族情结与爱国的热忱，都来自这一民族的文化传统。这正是为何当一个国家已经开始发出号召联防、加强联控的时候，老百姓在很短的时间内就能够积极反应。

病毒，挑战人的免疫机能；疫情，考验城市的“免疫系统”。在这个关键时刻，党中央一声号令，武汉封城、乡村封道、小区“封门”、工厂停产、工地停工、学校停课、店铺关门、景区关门、影院关门，全国医护人员驰援武汉，军队冲锋在前，科研奋力攻关。快速建立雷神、火神医院等一系列举措，“内防扩散、外防输入”，与时间赛跑、与疾病抗争、与疾病作斗争，一场毫无硝烟的新冠肺炎流感疫情防控攻坚狙击的人民战争就此正式开始。在这场战斗中，一首首充满生命活力的伟大赞歌在祖国和世界各地回荡、在人们心中不断回响。1000 万个小镇被封闭 40 天之久；14 亿多人口居住的国家，及时地完成了隔离和安置工作，让其蔓延势头迅速得到了遏制；14 亿多人被迫“坐月子”，过年不串门；将所有的患者都按应收尽用，应治必治，不计费用和成本，不停电、不停水、不停网，人民生活有保障，超市物资供应稳定。

党的十九届五中全会提出，要“坚持把实现好、维护好、发展好最广大人民根本利益作为发展的出发点和落脚点”，实现“不断增强人民群众获得感、幸福感、安全感，促进人的全面发展和社会全面进步”的目标。

面对突如其来的新冠病毒和锐不可当的流感疫情，党中央主动地统揽了全局、做出了果敢的反应和决策，用非同寻常的手段去有效解决和应付非常之事。疫情防控工作由习近平总书记亲自组织指挥、亲自部署，它已经是我们在全党上下这一时期迫在眉睫的一件事情。习近平总书记在此次重要的决策中充分体现了坚韧的思想政治勇气和强烈的历史责任担当，迅速封城，果断封锁了离汉离鄂路线和通道，采取并实施了前所未有的严格管理举措。正如习近平总书记指出的：“在保护人民生命安全面前，我们必须不惜一切代价，并且我们也要做到不惜一切代价，因为全心全意为人民服务是我们中国共产党的根本宗旨，我们的国家是人民当家作主的社会主义国家。”在广大人民群众的生命安全面前，我们什么都可以豁得出来！也正是因为中国共产党的统一英明的政治领导，统一指挥、全面军事部署、立体化防控的总揽性战略布局迅速在我国各地基本形成，有效制止了新冠病毒在我国内外广泛传播，从真实意义上彻底改变了新冠病毒在迅速蔓延传播的过程中岌岌可危的紧急局面，最大限度维护了我国各族人民群众的财产和生命健康安全。

在这次抗疫斗争中所获得的重要战略成绩与果实充分展现出，党中央对党员和群众的决策与工作部署是完全正确的，党的领导工作也是强劲而有力、稳步协调的。越是情况复杂、考验严峻，越要做到充分发挥党中央对于党员和人民群众的统一集中领导的定海神针作用。历史与现实都充分表明，只要我们坚定不移地继续加强党的总揽全局，不断地提高对党的思想政治引导能力、意识形态引领力、群众性组织能力、社会号召力，永远维护党与广大人民群众之间的切实血肉关系，我们就一定能够将八方力量更好地凝聚起来，沉着冷静地应对处理重重困难和各种风险挑战。

“生命重于泰山，疫情就是生命，防控就是责任。”在病毒暴发，疫情尚未得到有效、及时防控的紧要关键时期，国家共从各级医院集中调派 330 多支专业卫生医疗技术队伍、41600

多名医院专业技术医护人员、组织 19 个省对口支援湖北。10 天工作时间分别在一个医院内部建成了总占地面积 3.39 万平方米，可以同时摆放容纳 1000 张床位的火神山医院和总占地面积 328 亩、总建筑规划占地面积 6 万平方米、1600 张独立病床的雷神山医院。这一当代世界经济奇迹的背后，体现的是当代社会中国的发展速度、中国产品质量、中国基建，同时还充分体现了当代社会中国卓越的政治领导协调能力、组织协调能力、应对挑战能力、动员协调能力、贯彻实施政策能力、工业制造力、科技攻关力、疫苗研发力。这些奇迹、这些能力，谁人能有、哪国可比。

日本一个网站有一篇文章中这样讲道："中国应对新冠肺炎的动员能力和物资的能力告诉了世界，中国是一个超级大国，表现出的空运能力比日本至少要强 4 倍，铁路和运输能力也比日本要强 90 倍，公路和运输能力也比日本强几十倍。中国同美国一样也是一个具有不可挑战性的国家。"

俗话说，"一座不垮的大厦，必有坚实的基础"。中国在对新冠肺炎病毒疫情的抗击中为什么能够取得如此伟大的胜利，一是中国有一个能够凝聚世界各国人民的共同愿景；二是拥有一支能够容纳中华民族最高精英的行政力量；三是拥有一个众望所归的领导者和核心；四是每当我们到了危急关头，就会被激发出惊人的能量；五是每当到了危难的当头总会看到有一些人身先士卒；六是有一个独特的制度体系。在这场与病毒流感战争赛跑、与病魔相互较量中，充分体现了前方始终有一支日夜艰苦奋战的革命勇士，后方则始终拥有坚固的革命堡垒，凝聚着我们中华民族共同抗击病毒的顽强革命力量；同时充分体现了全国各族人民众志成城、共克时艰、团结一心、互相帮扶、群策群思、全力以赴回报人间，进而产生迸发出的共同抗击抵御新冠病毒疫情的强大决心和坚强自信；还充分体现了广大的医学科技工作者、医疗卫生事业工作者、人民的革命子弟兵、各级基层党组织、广大的共产党员、广大的人民志愿者、广大的全国各族人民迎难而上、共克时艰的无私牺牲奉献精神和爱国主义精神。

中国千年的传承“知恩图报”；中国有句老话“来而不往非礼也”。一场疫情，将中华民族的传统美德展现得淋漓尽致。对于中国，“人类命运共同体”，并不只是说说而已。2020 年 3 月 9 日，抵达巴铁的是中方无偿援助的 5 万升危地马拉硫磷、14 台风力输送式高效智能遥感空气喷雾器，以及 12000 支新冠肺炎特效药物检验试剂盒。3 月 12 日，钟南山院士研究小组与北京美国大学 ICU 研究小组取得联系，并且与该小组进行了深入分析和联合研究，共同研究交流了肿瘤治疗和疾病预防的宝贵经验。3 月 14 日傍晚，中华人民共和国国歌响彻罗马上空，意大利民众走出阳台，用热烈掌声表达敬意！广播中还传来呼喊声：Grazie China！（谢谢你，中国！）在全世界疫情大暴发中，中国从“一省包一市”，到“一省包一国”。

中国的“硬核”援助，又一次体现了一个大国的担当。

经历这次疫情之后，我想在惶恐之余更多的是感动，奉献不分高低贵贱，在这场抗疫斗争中，有身在前线的医务人员，有德高望重的院士，还有无数身处在最基层却依旧参与到新冠肺炎疫情防控中的普通人，他们也许是环卫工人，也许是公车司机，还有好多我们甚至都不知道姓名，不知道事迹的无名英雄，但是他们依旧默默无闻地用双肩扛起这面抗疫大旗，每每看到电视里、新闻中报道出的一个个疫情防控期间的英雄事迹，我无比动容，一颗名叫“奉献”的种子，在我的心底里慢慢扎深了根，慢慢发了芽。

平凡铸就伟大，英雄来自人民。新冠病毒感染疫情以来，84 岁的钟南山再次被新闻刷屏整个中国网络。17 年前，是他，领军部队打了我国一场非典，他亲口说“把重病人都送到我这里来”；17 年后，又是他，披挂上阵，四处跋涉，冲到了我国抗击新型畜禽流感新冠病毒传染疫情的最危险一线，给了我们全国各族人民看病吃好药下了一颗定心丸。在除夕夜里他坚守在肺炎疫情防治第一线，他在困难面前始终带着微笑从容面对，讲话谈到了肺炎疫情和危害中国两亿人民，眼眶含泪，言语哽咽。钟南山院士，医者仁心，济世救人，是一位真正的无双国士！张定宇先生是一个追赶时间的人，在新冠突然袭击武汉时，他隐藏着自己身患慢性渐冻症的疾病，一直紧紧地坚守在自己急难险重的工作岗位上，带领武汉大学全院的医护人员连续努力奋斗 30 多天，他用渐冻的躯体托起了民族的希望。张伯礼在超负荷的工作下，胆囊炎突然发作，接受了胆囊炎的微创性摘除和切开手术。在这位“无胆英雄”的推动下，中医药公司进行了全过程的介入，对新冠肺炎进行了救治。武汉 16 家方舱医院累计共接待收治的中医药患者数量超过 1.2 万人，每个方舱医院都有中医药技术专家，其中中医药使用率高达 90%。工程院院士陈薇带领团队在抗疫一线将生死置之度外，关键时刻往前冲，危急关头带头上，仅仅半年，青丝变白发。攻克疫苗、创造多项世界第一，即便是在最荣耀的时候，陈薇依旧心系人民，她以身试险，将第一针疫苗注射在自己身上。

抗击高发疫情第一线的“守护蓝”作为抗击疫情高发防控的一支非常重要的武装力量，日夜艰苦奋战，用自己的真实行动诠释“人民公安为人民”的峥嵘誓言。51 岁的史雪荣，是湖北武汉市花山派出所橘园花苑小区的一名民警。不知道在这次疫情有效防控期间曾经成功转运了多少名困难群众，曾经鼎力帮扶过多少位困难患者及病人家属，曾经成功完成了多少次紧迫的重大急难医疗任务。

一位身赴一线的医护人员在采访中说道：夜晚下班，总是疲惫的。可是无论多晚，在医院大门口，都有陈强师傅——年仅 25 岁的 90 后公交司机，在那里打好灯等着我们。他说：“我平平安安地载着你们去，平平安安地载着你们回，你们才能让更多人平平安安地回家。”再晚的夜，都有一盏灯在路上等着我们，让我们在战“疫”这条路上感到很安全，心里很温暖。

在这场战疫中，医疗垃圾的运输和处理是非常重要的一件事。病区里有一个帮忙清理垃圾的叔叔，说他已经有四个月没有回过家了。“现在这个活儿很多人都不干了，但这是我的工作，只要能干，我就要把它干完，特别是在这个时候，更要把它干好！不然医生护士的活儿会更多，他们光救人都忙不过来。”干最接地气的活，完成战“疫”中的重要环节，他不觉得自己干了什么了不起的事。这就是平凡而伟大的人民！

其实，不管是医护人员还是普通工作人员，都只是平凡地做着自己本应做的事，我们的共同心愿，就是愿这场战“疫”早日平息，希望能在春暖花开的时候吃上一碗热干面，对武汉说一声：“天亮了，春天来了，恢复往日的喧嚣与繁华吧！”

在这场伟大的防控和抗疫斗争中，14 亿中国人民同呼吸、共命运，同甘共苦，守望相助。全国 65 万个大中型工业城乡居民社区 400 万名人民群众和 1 万名社区卫生工作者始终时刻坚守在卫生防疫第一线，全国 180 万名环卫工人参与防疫、抗疫的卫生工作。截至 2020 年 5 月 31 日，全国登记注册的志愿者中已经有超过 800 万名志愿者参与了 46 万余个登记疫情预警和治疗工程，志愿者服务总计累积时长已经超过 2.9 亿小时。全国各地总计 3900 多万名基层领导班子干部和广大普通党员也勇敢地奋战在了抗疫第一线，参加了志愿服务，其中大约有三分之一是党员（有 1300 多万名）。这种无私的行动实践彰显了伟大的抗疫精神和人民至上、生命至上的全国各族人民健康命运共同体意识。

作为当代青年学子，我们很庆幸有这次社会实践机会为国家贡献自己的力量，实现自己的价值。同时我们也切切实实见证了、体会到了一线战士们的辛苦与默默无闻的奉献。与我们相比，他们更为辛苦，时刻奋战在一线，从死神手里抢人，医生也是普通人，他们同我们一样，也有家庭，有疲劳极限，但疫情来临时，他们却选择挡在无数像我们一样的普通人面前，所谓的岁月静好，只不过是因为我们处在负重前行的战士们的身后罢了。他们为节约每一件一次性防护服而少吃少喝、穿着纸尿裤扎进重症监护室。他们长时间浸泡在汗水中的医用外科口罩摘下后给鼻梁脸颊留下触目惊心的血痕和肿胀，为我们建造安全的城墙。

中国共产党拥有的是无比坚强的政治领导能力，它是风雨来袭时中国各族人民最可靠的政治主心骨。各地党员率先奋勇冲锋在防控抗击流行病疫情的第一线，筑起坚不可摧的奋进战斗堡垒。中国的抗疫奋斗，充分体现了中国精神、中国动力、中国责任担当。我们用优良的抗疫答卷向全球印证了中国共产党的领导和建设中国特色的社会主义法律制度的明显优势，再次见证了我们党为中国各族人民和中华民族服务的崇高伟大动机，大大地激发了我们的政治自信心和民族自豪感、凝聚力和向心力。

实践在此启示我们，越是处于危难的关头、重大时刻，越要不忘自己的初心，牢记使命，越要坚持增强信心信念，永葆奋斗姿态。只要我们毫不动摇地加强党的全面领导，更好地发挥治理制度优势，提升治理效能，就一定能从容应对各种复杂的局面和严峻的风险挑战，在全面建设中国特色社会主义和现代化强国的新历史征程上继续创造新的辉煌和历史性伟业。疫情当下，无数的年轻人都在努力付出，只要我们勠力同心，各尽其能，这场斗争的胜利，就一定是属于我们的。

当中国亿万人民的双手牢牢地握在一起，人民的精神力量将百战百胜、攻无不克！最后，致敬抗疫攻坚战中不畏艰险、坚持奋战的科研工作者及各行各业的逆行者。

第四章　我眼中抗疫精神的传承

尽管我们这次取得的成就傲人，但遗憾的是，在这场战役里，我们不是主力军，我们所能贡献出的力量十分微薄。对抗击疫情过程中取得的初步胜利，我们发自内心地为祖国、为我们自己感到无比的骄傲与自豪。我下定决心，努力学习，争取在未来，在祖国其他领域突破技术时成为主力军的一员。

身为中国共产党党员的我们曾经在中国共产党旗帜下发出

自己的宣言，我们必须要主动地履行共产党员的义务，执行我们共产党的政治决策，随时准备好为我们的党和中国人民而牺牲所有，永不背离党的政治生命！尘埃之微，补益山河。萤烛末光，曾辉日月。虽然，现在全国已经有条不紊地恢复正常，但是这场战役仍然在继续，我愿意用我自己的行动证明，继续发挥共产党员的先锋模范作用，为我们守护的国民带去希望的曙光！

疫情严重暴发以来，广大党员、干部、群众都在积极主动回应省和党中央的殷切号召，保持初心，顾全大局，顽强地努力艰苦奋斗；广大的医务卫生工作者、人民解放军的炮兵指战员以及社会各界工作人员都自觉继承和维护发扬大无畏革命精神，闻令而动、坚韧不拔，不怕牺牲、攻坚克难。他们都是我们青年大学生的榜样。我们中国青年一代要在为广大人民群众更好地服务中蓬勃发展茁壮成长，在艰难艰苦奋斗中不断锻炼自己的政治意志力和品格，在自身实际行动中不断增加自己的政治工作知识本领，让宝贵青春在我们党和国家最需要的关键时刻不断绽放灿烂之新火花。

为中国人民谋幸福，为中华民族谋复兴，是我们中国共产党的初心和使命。我们必须始终把坚决维护广大人民群众的切身利益摆在首位，时刻心念国家发展，从身边的点滴小事做起。

作为一名共产党员，我们应该用更加饱满的激情和精神投入自己的工作与生活中，时刻坚守谦虚谨慎、勤劳刻苦的良好工作作风与积极乐观、豁达开朗的生活态度。饱满的热情能够启迪和鼓舞我们创造性灵感，谦卑勤奋是在实践中获得成功的关键。我们时时刻刻都要努力维护和保持自身优势与先进性。

坚持以习近平新时代中国特色社会主义思想为指引，积极进取、埋头苦干，始终保持巨大的生机与发展动力，始终坚守初心与使命，更好地为人民服务，共同努力、不懈奋斗，建设更好的祖国。任何一项事业或一个工作都是一个循序渐进、逐步自我觉醒、逐步发展形成的过程。变的只是其企业名称和岗位职责，不变的是工作初心和自身的职业使命。作为新时代青年，要紧紧地围绕习近平总书记所多次讲述的，要坚守初心、承担使命的部署要求，不断强大自己，完善自己，多方面锻炼自己，紧跟党中央的号召，在祖国需要的时候有能力站出来，为推进祖国实现繁荣富强助力。

参考文献

[1] 李艳，袁军法，石正丽. 蝙蝠中冠状病毒的分子流行病学研究［C］. 湖北省暨武汉市生物化学与分子生物学学会第八届第十七次学术年会.

[2] 石正丽. Genetic diversity of bat SARS-like coronavirus and its interaction with ACE2［C］. 2006 年第二届新生病毒性疾病控制学术研讨会.

[3] 梁红远，周旭. 抗新型冠状病毒中和抗体研究进展[J]. 国际生物制品学杂志，2021，44(01)：1-6.

[4] 范保星，解立新，田庆，等. 新型冠状病毒血清学和病原学的临床相关研究 [J]. 中华医院感染学杂志，2005，15(001)：1-4.

[5] 薛雄燕，朱嫦琳，黄少珍，等. 灭活血液样本对不同方法检测 2019 新型冠状病毒抗体检测结果的影响 [J]. 南方医科大学学报，2020：5-5.

[6] 李雪寒，赵瑾，潘运宝，等. 新型冠状病毒特异性抗体检测现状及应用思考 [J]. 中华检验医学杂志，2020，43(07)：691-696.

[7] 扈永顺. 新冠抗体药物研发突破 [J]. 瞭望，2020(23)：15-17.

[8] 邹明园，吴国球. 抗原交叉反应对新型冠状病毒血清特异性抗体检测的影响[J]. 临床检验杂志，2020，v.38(03)：7-9.

[9] 张黎，郑滨洋，高行素，等. 免疫检测用的抗新型冠状病毒的抗体；CN111518204A[P]. 2020.

[10] 谢晓亮，曹云龙，孙文洁. 一种抗新型冠状病毒的单克隆抗体及其应用；CN111592594A[P]. 2020.

[11] 徐万洲，李娟，何晓云，等. 血清 2019 新型冠状病毒 IgM 和 IgG 抗体联合检测在新型冠状病毒感染中的诊断价值 [J]. 中华检验医学杂志，2020，43(03)：230-233.

[12] 罗雪莲,闫梅英,吴媛,等. 新型冠状病毒血清学抗体检测试剂盒现状分析[J]. 疾病监测,2021,36(1):1–8.

[13] 宁雅婷,侯欣,陆旻雅,等. 新型冠状病毒血清特异性抗体检测技术应用探讨[J]. 协和医学杂志,2020.

附录一 专利申请书

国家知识产权局

100080

北京市海淀区中关村南大街1号北京友谊宾馆60932房间 北京知汇林知识产权代理事务所（普通合伙）
杨华(13810695901)

发文日：

2021年03月24日

申请号或专利号：202011265546.1　　发文序号：2021031701899660

申请人或专利权人：李亚峰

发明创造名称：一种人源抗新型冠状病毒（SARS-CoV-2）的中和活性单克隆抗体

授予发明专利权通知书

1.根据专利法第39条及实施细则第54条的规定，上述发明专利申请经实质审查，没有发现驳回理由，现作出授予专利权的通知。

申请人收到本通知书后，还应当依照办理登记手续通知书的内容办理登记手续。

申请人按期办理登记手续后，国家知识产权局将作出授予专利权的决定，颁发发明专利证书，并予以登记和公告。

期满未办理登记手续的，视为放弃取得专利权的权利。

法律、行政法规规定相应技术的实施应当办理批准、登记等手续的，应依照其规定办理。

2.授予专利权的上述发明专利申请是以下列申请文件为基础的：

☐原始申请文件。☐分案申请递交日提交的文件。☒下列申请文件：

申请日提交的说明书摘要、说明书附图图1-图6、摘要附图、说明书核苷酸和氨基酸序列表；

2020年12月10日提交的说明书第1-157段；

2021年3月8日提交的权利要求第1-13项。

3.授予专利权的上述发明专利申请的名称：

☒未变更。

☐由__变更为上述名称。

4. ☐申请人于______年______月______日提交专利号为______的“放弃专利权声明”，经审查：

☐进入放弃专利权的程序。

☐未进入放弃专利权的程序。理由是：申请人声明放弃的专利与本发明专利申请不属于相同的发明创造。

5. ☐审查员依职权对申请文件修改如下：

注：在本通知书发出后收到的申请人主动修改的申请文件，不予考虑。

审查员：李颖　　审查部门：医药生物发明审查部

联系电话：010-62412262

210413　纸件申请，回函请寄：100088 北京市海淀区蓟门桥西土城路6号 国家知识产权局专利局受理处收

2020.3　电子申请，应当通过电子专利申请系统以电子文件形式提交相关文件。除另有规定外，以纸件等其他形式提交的文件视为未提交。

附录二　实践过程中的工作图片

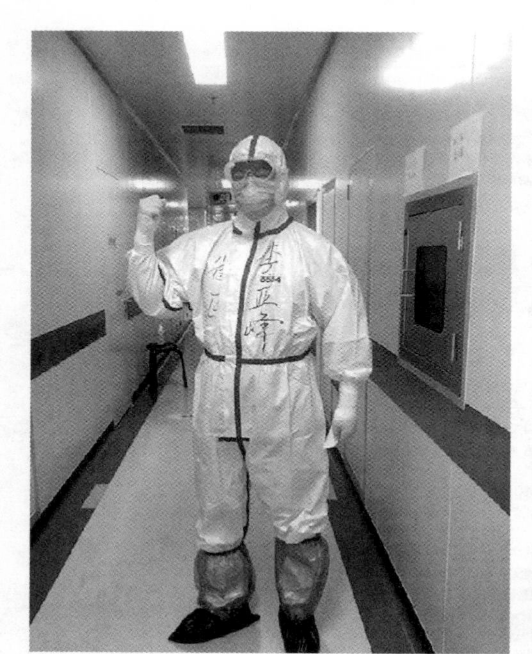

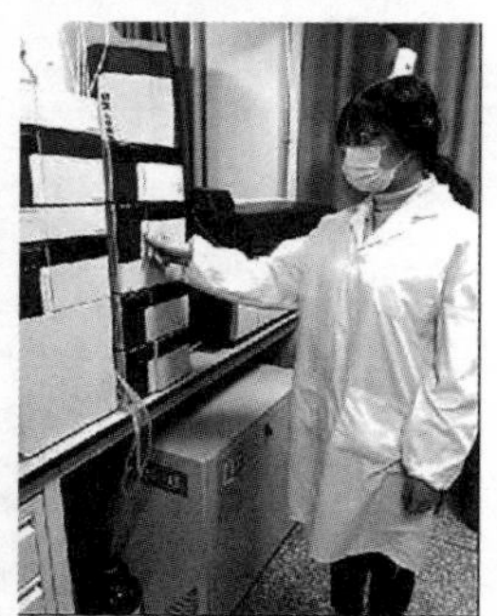

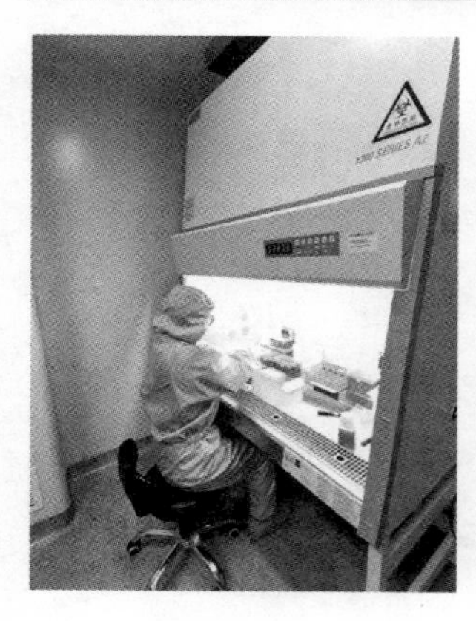

附录三　团队介绍

指导老师：李亚峰

项目团队，学科融合优势互补，李亚峰教授为我们的项目提供全程指导。

武汉大学医学博士

美国天普大学博士后

国家自然基金项目负责人

国家“十三五”重大专项项目首席科学家

山西省精准医学诊断治疗中心副主任

山西大学生物医学研究院客座教授

山西医科大学硕士生导师

山西大学硕士生导师（生物学）

国际学术杂志编委、审稿人

2014 年申请获得美国心脏病协会博士后基金

创建山西省精准医学诊断治疗中心并担任副主任

在山西省人民医院从事临床、科研工作

近 5 年有 25 篇 SCI 论文发表，其中第一作者、通讯作者 9 篇，累计引用 262 次。

团队介绍： 钱曼云、辛晓红

钱曼云，山西医科大学基础医学院研究生，专业：生物化学与分子生物学，导师是山西省人民医院李亚峰主任，参与SCI 论文一篇（在投），参与一些国内学术讲座，在南京实验室进行有关新冠疫苗的课题研究，学习更好的科研能力和思维能力。

志愿者团队：

杨洁，山西大学化学化工学院2018 级化学专业本科在读生，班长。本科期间获得过多次国家二等奖学金。获优秀班干、优秀团员等称号。做到了促进综合素质的全面发展。在科研方面有着浓厚的兴趣，跟随导师参与科研训练，多次参加校内的学术讲座，曾参加“青春兴晋”暑期社会实践活动以及疫情防控期间社会实践活动。

刘润楠，山西大学化学化工学院 2017 级化学专业本科在读生，本科期间获得过多次国家励志奖学金、一等及二等奖学金。获优秀团干、优秀团员、三好学生和优秀学生会干部等称号。做到了促进综合素质的全面发展。此外，参与科研训练现已顺利结题，正在进行毕业设计。担任学生会副主席、党支部组织委员的工作，使得自己各方面的能力得到了很大提高。

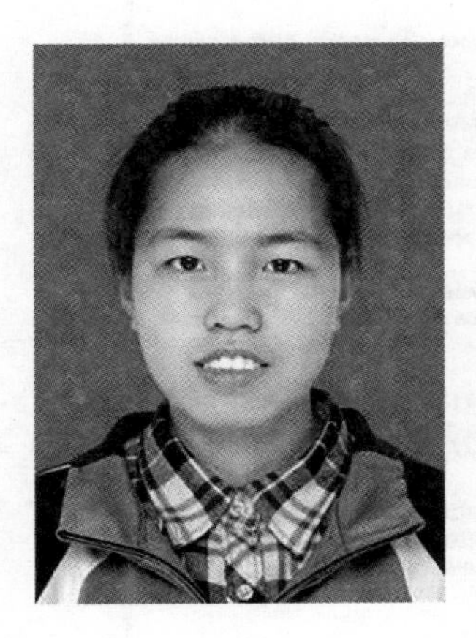

车娟，山西大学 2019 级化学专业本科在读生，班级生活委员，现正在进行山西大学第十九期大学生创新创业训练，在科研方面有着浓厚的兴趣，多次参加校内的学术讲座，曾获国家励志奖学金、本科优秀学生一等学业奖学金。获三好学生称号，曾参加“青春兴晋”暑期社会实践活动。

附录四　证明材料

Declaration of Conformity

According to annex III of the Council Directive 98/79/EC on in vitro diagnostic medical device
We,

Nanjing Vazyme Medical Technology Co., Ltd
Floor 1-3, Building C2, Red Maple Park of Technological Industry,
Kechuang Road, Economy & Technology Development Zone,
Nanjing, China.

Declare under our sole responsibility that the following in vitro diagnostic medical devices other than those covered by annex II and devices for performance evaluation

Ø Anti-SARS-CoV-2 Neutralizing Antibody ELISA Kit

Meet the provisions of the Council Directive 98/79/EC concerning medical devices which apply to them.

Undersigned declares to fulfill the obligations imposed by Annex III section 2 to 5:
- availability of the technical documentation set in Annex III (section 3), allowing the assessment of conformity of the product with the requirements of the Directive.
- the manufacturer shall take necessary measures to ensure that the manufacturing process follows the principles of quality assurance as appropriate for the products manufactured (Annex III section 4).
- the manufacturer shall institute and keep up to date a systematic procedure to review experience gained from devices in the post-production phase and to implement appropriate means to apply any necessary corrective actions (Annex III section 5).

Conformity assessment was performed according to Article 9 (7) and Annex III, section 3.

Our current Quality System is formatted to International standards:

EN 13975:2003； EN ISO 18113-2:2011； EN ISO 13485:2016； EN ISO 14971:2012； EN 13612:2002/AC:2002； EN ISO 17511:2003； EN ISO 15193:2009； EN ISO 15194:2009； EN ISO 23640:2015； EN 13641:2002； EN ISO 15223-1:2016； EN 1041:2008

Attachments – DoC IVD All Others – ID # 00208017 – V1 – 08/11/2017
Page 1 of 2

Corporate Contact Information

Nanjing Vazyme Medical Technology Co., Ltd
Floor 1-3, Building C2, Red Maple Park of Technological Industry,Kechuang Road, Economy & Technology Development Zone,Nanjing, China.
Tel: +86 25 84305701
Fax: +86 25 84305701
E-mail: support@vazyme.com
Website: www.vazymemedical.com
RESPONSIBLE PERSON'S name: Tang Bo
Position: CEO
SIGNATURE : Tang bo
Date :
Stamp

European Authorized Representative:
Registered Address:
Obelis s.a.
Bd. Général Wahis 53
B-1030 Brussels, Belgium
Phone: 32.2.732.59.54
Fax: 32.2.732.60.03
E-mail: mail@obelis.net
Representative: Mr. Gideon ELKAYAM (CEO)

Attachments – DoC IVD All Others – ID # 00208017 – V1 – 08/11/2017
Page 2 of 2

This page reproduces a certificate:

Certificate

No. Q5 003027 0001 Rev. 01

Holder of Certificate: **Nanjing Vazyme Medical Technology Co.,Ltd.**
F1-F3, Building C2
Red Maple Park of Technological Industry
State Economy & Technology Development Zone
210038 Nanjing
PEOPLE'S REPUBLIC OF CHINA

Facility(ies): Nanjing Vazyme Medical Technology Co.,Ltd.
F1-F3, Building C2, Red Maple Park of Technological Industry,
State Economy & Technology Development Zone, 210038
Nanjing, PEOPLE'S REPUBLIC OF CHINA

Certification Mark:

Scope of Certificate: **Design and Development, Production and Distribution of In-vitro Diagnostic Test Kits based on Latex Particle-enhanced Turbidimetric Immunoassay, Quantum Dot Immunofluorescence, Rapid test for the detection of SARS-COV-2 infection marker, Fluorescence Immunity Analyzer and Specific Protein Analyzer.**

Applied Standard(s): EN ISO 13485:2016
Medical devices - Quality management systems -
Requirements for regulatory purposes
(ISO 13485:2016)
DIN EN ISO 13485:2016

The Certification Body of TÜV SÜD Product Service GmbH certifies that the company mentioned above has established and is maintaining a quality management system, which meets the requirements of the listed standard(s). See also notes overleaf.

Report No.: SH20128103

Valid from: 2020-04-30
Valid until: 2021-05-08

Date, 2020-04-30

Christoph Dicks
Head of Certification/Notified Body

TÜV®

Page 1 of 1
TÜV SÜD Product Service GmbH • Certification Body • Ridlerstraße 65 • 80339 Munich • Germany

ZERTIFIKAT ◆ CERTIFICATE ◆ 認證證書 ◆ СЕРТИФИКАТ ◆ CERTIFICADO ◆ CERTIFICAT

A4 / 07.17

证书号第4360482号

发明专利证书

发明名称：一种人源抗新型冠状病毒（SARS-CoV-2）的中和活性单克隆抗体

发　明　人：李亚峰;段琦;刘星玮;辛晓红;冯嘉炳;平鑫博

专　利　号：ZL 2020 1 1265546.1

专利申请日：2020年11月13日

专利权人：李亚峰

地　　址：030012 山西省太原市迎泽区双塔街山西省人民医院南院区博学楼103

授权公告日：2021年04月13日　　　授权公告号：CN 112225806 B

国家知识产权局依照中华人民共和国专利法进行审查，决定授予专利权，颁发发明专利证书并在专利登记簿上予以登记。专利权自授权公告之日起生效。专利权期限为二十年，自申请日起算。

专利证书记载专利权登记时的法律状况。专利权的转移、质押、无效、终止、恢复和专利权人的姓名或名称、国籍、地址变更等事项记载在专利登记簿上。

局长
申长雨

第1页（共2页）

其他事项参见续页

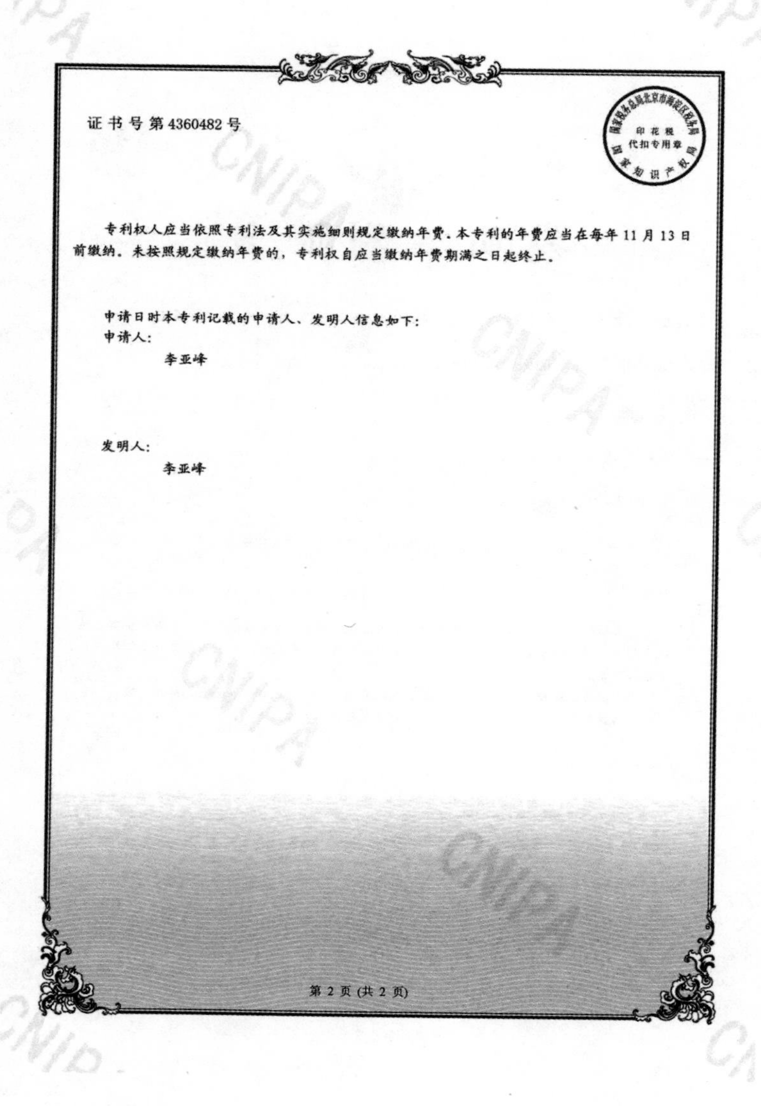
证书号第4360482号

专利权人应当依照专利法及其实施细则规定缴纳年费。本专利的年费应当在每年 11 月 13 日前缴纳。未按照规定缴纳年费的，专利权自应当缴纳年费期满之日起终止。

申请日时本专利记载的申请人、发明人信息如下：
申请人：
李亚峰

发明人：
李亚峰

第 2 页 (共 2 页)

3 课外竞赛

弱视康
——国内弱视治疗领域先行者

第一章 项目概述

我国弱视儿童群体高达 3000 万。弱视是当今世界儿童第二大眼疾，因其知晓率低、发病率高、危害严重，若不及时治疗，弱视眼将出现永久的视觉缺陷，丧失深度感知，严重影响患儿的学习、择业和生活。

目前唯一有效的治疗方法是遮盖疗法，但会对患儿心理造成不同程度的伤害。2007 年，美国学者打破传统治疗模式，提出采用 liquid crystal smart glasses （液晶智能眼镜）治疗弱视，经过近十年的审核，FDA 于 2016 年正式批准并在临床用于治疗弱视。美国印第安纳大学格里克研究所基于此项研究推出处方 Amblyz 眼镜，儿童弱视治疗迎来曙光，然而由于美国方面技术垄断，国内弱视儿童依旧无法获得先进有效的治疗，中国造刻不容缓。

若视康团队就此研发出治疗儿童弱视的快门式液晶智能眼镜，该产品采用纯物理治疗理念，将预编程的由微芯片控制的电子快门与液晶镜片结合。眼镜电池体积微小，整体重 45g，外观精美。最大电压为 10V 的锂离子聚合物电池保证了 72 小时续航，并辅以睡眠模式，提高治疗的持续稳定性。未施加电压时，呈透光状态；施加电压时，呈遮光状态。两种状态按照预编程模式进行切换，达到迫使弱视眼球正常使用目的的同时兼具避免正常眼球逆向弱视的优点。与美国印第安纳大学格里克研究所推出的处方 Amblyz 眼镜相比，我们的产品配有 USB 数据线，将眼镜与电脑终端相连，可实现五种治疗模式灵活切换，另考虑儿童群体特殊性，优化传统眼镜结构，外置鼻托搭配封闭式上包镜框，辅以硅胶镜架，有效防止儿童从眼镜缝隙处使用健眼。

团队历经三年研发：2016 年项目团队正式投入研发，致力于中国芯创造，10 月自主完成第一代芯片研发；2017 年 5 月完成外观设计，10 月第二代芯片问世并与华墨信息有限公司进行战略合作；2018 年 5 月成功研发出第一代若视康快门式儿童弱视治疗眼镜，与长沙三济科技有限公司进行临床报批，随后在山西省人民医院进行定点实验；2019 年年初至今，项目团队不断致力于产品升级，探索附属 APP 开发及相关临床医疗器械和专利申请。

我们拥有完整的产业链，原料厂商提供原材料，工厂加工组装，将成品提供给试点医院，进行产品的推广及销售。我们的团队负责核心技术研发，并对产业链进行衔接协调，更准确地对产品进行后期精进。

我们拟将第一代眼镜提供给就诊弱视患儿免费体验，作为项目初期推广。随后我们将在一、二线城市进一步推广，拓宽市场份额，覆盖高端市场，领军全国市场。未来我们将积极响应国家号召，通过“一带一路”共享科技成果。

第二章　公司介绍

2.1　公司概况

山西菁英汇科技有限公司成立于 2019 年，注册资金 500 万元。公司住所位于山西省晋中市榆次区新建北路 1258 号山西医科大学创新创业实训中心一层 102 室，运营期限 2019.1.21 至 2029.1.20，目前，企业处于存续期。

2.2　经营范围

自成立以来，菁英汇科技有限公司一直秉承以用户需求为核心，专注于计算机技术开发，技术咨询，技术服务，用心的服务赢得了众多企业的信赖和好评。另外，公司发展了广告设计、制作的业务。

第三章　项目背景

3.1　弱视现状

3.1.1　弱视的定义

弱视是常见的严重损害儿童视力的眼部疾病之一，是由形觉剥夺或双眼相互作用的异常引起的单眼或双眼疾病，其视力低于正常水平，而眼部检查无器质性病变。其中，形觉剥夺是由于先天或视觉发育关键期进入眼内的光刺激不充分，从而剥夺了黄斑形成清晰物象的机会；双眼相互作用的异常则是两眼视觉输入不等，从而引起清晰物象与模糊物象之间发生竞争。

但是世界各国对弱视的定义各不相同。我国最早于 1985 年由中华医学会眼科学分会斜视弱视防治学组制订了弱视定义和诊断标准，将眼部无明显器质性病变，以功能性因素为主所引起的远视力≤0.8 且不能矫正者列为弱视。并在此基础上强调，6 岁以下的儿童在诊断时需注意年龄相关因素。2010 年，该学组通过对 20 年来的临床经验进行总结与分析，同时借鉴国外的弱视诊断标准，对弱视的定义进行了补充。将弱视定义为，视觉发育期内由于单眼斜视、未矫正的屈光参差、高度屈光不正及形觉剥夺引起的单眼或双眼最佳矫正视力低于相应年龄视力，或双眼视力相差两行或以上者为弱视。并给出发育期儿童各年龄的视力参考值下限，即 3 ~ 5 岁者不低于 0.5，6 岁及以上者不低于 0.7，当两眼最佳矫正视力相差 2 行或更多时，较差的一只眼为弱视。

3.1.2　弱视的发病机制

婴儿出生时，视力不及成年人的 1%，随着年龄的不断增长，双眼光感受细胞不断发育和完善，5 岁前是视功能发育的重要时期。视觉发育会延续至 6 ~ 8 岁。此时，若某种原因造成双眼视物障碍，光感受细胞则不能得到正常的刺激，视功能便会停留在一个低级水平。双眼视力低下，未能及时矫正，便形成了双眼弱视；一只眼发育正常而另一只眼发育迟缓，就形成了单眼弱视。

弱视在视觉发育过程中的任何阶段均可能发生，但多发于 1 ~ 2 岁。弱视发病越早，程度越重。

目前，关于弱视的分类，国际上有不同主张，多数学者认同的弱视类型是斜视性弱视、屈光参差性弱视、屈光不正性弱视及形觉剥夺性弱视。

筛查 2011~2013 年眼科门诊 3 ~ 5 岁学龄前儿童 2389 人，确诊弱视 128 人 189 眼，患病率为 3.60%。3 岁患儿人数 1216 人，弱视人数 58 人，屈光不正性弱视 21 人，屈光参差性弱视 18 人，斜视性弱视 16 人，形觉剥夺性弱视 3 人，患病率 45.3%；4 岁患儿人数 728 人，弱视人数 42 人，屈光不正性弱视 18 人，屈光参差性弱视 16 人，斜视性弱视 7 人，形觉剥夺性弱视 1 人，患病率 32.8%；5 岁患儿人数 445 人，弱视人数 28 人，屈光不正性弱视 16 人，屈光参差性弱视 6 人，斜视性弱视 5 人，形觉剥夺性弱视 2 人，患病率 21.9%（详见表 3–1、表 3–2）。

表 3–1　各年龄组不同类型弱视分布情况

	3 岁	4 岁	5 岁
屈光不正因素 / 人	21	18	16
屈光参差因素 / 人	18	16	6
斜视因素 / 人	16	7	5
形觉剥夺因素 / 人	3	1	2

表 3–2　各年龄组弱视患病率

年龄组 / 岁	总人数	弱视人数	患病率%
3 ~	1216	58	45.3
4 ~	728	42	32.8
5 ~	445	28	21.9

3.1.3　弱视的发病情况

发病率：

我国儿童弱视的发病率为 2%~4%。各国学者对弱视发病率的报道略有不同，大约在 1% ~ 4%之间。

以 2006 年北方某特大城市城郊幼儿园 4~6 岁儿童弱视调查为例，以小于等于 0.8 作为弱视标准，4、5、6 岁儿童的视力低常率分别为 11.71%、9.03% 及 5.39%，同时考虑年龄因素后，弱视患病率 4 岁为 5.11%，5 岁为 4.36%，6 岁为 2.58%。上述调查显示儿童年龄越小，弱视患病率越高。

3.1.4 潜在弱视

(1) 学龄前儿童弱视发病的单因素分析

结果显示近亲近视史、父母吸烟饮酒、出生时窒息、母亲高龄生育等因素是导致学龄前儿童弱视发病的影响因素（$P<0.05$）。见表 3-3。

(2) 学龄前儿童弱视发病的多因素分析

Logistic 回归分析，将近亲近视史、父母吸烟饮酒、出生时窒息、母亲高龄生育作为变量带入回归方程中，经 Logistic 回归方程证实近亲近视史、父母吸烟饮酒、出生时窒息、母亲高龄生育是学龄前儿童弱视发病的独立危险因素（$P<0.01$）。见表 3-4。

3.2 国内、国外治疗现状

在传统观点中，视觉敏感期内除去异常视觉环境后视觉系统的发育仍可恢复到正常状态，而可塑敏感期过后视觉系统的可塑性基本终止。近 20 年随着科学技术的发展，新观点则认为在视觉敏感期以后，已终止了的视觉可塑性可以被重新激发，成人进行弱视治疗仍旧有一定疗效。这促进弱视治疗迈入新阶段，即屈光矫正基础上进行遮盖疗法，辅助以视功能训练和药物疗法，依从性的好坏直接决定弱视的治疗效果。

3.2.1 屈光矫正

屈光矫正在弱视治疗中具有重要地位。小儿眼科疾病研究组（Pediatric Eye Disease Investigator Group，PEDIG）相关研究

表 3–3　学龄前儿童弱视发病的单因素分析

	相关因素	调查例	弱视发病	χ2 值	P 值
性别	男	613	32(5.22%)	0.0715	0.7892
	女	587	40(6.81%)		
年龄(岁)					
<4		211	14(6.64%)	0.1165	1.2357
≥4		989	58(5.86%)		
每日近距离用眼时间(h)					
<1		875	53(6.06%)	0.2165	2.9373
≥1		325	19(5.85%)		
每日看电视时间(h)					
<1		899	55(6.12%)	0.000	0.9858
≥1		301	17(5.65%)		
每晚睡眠时间(h)					
<9		222	13(5.86%)	0.014	0.9045
≥9		978	59(6.03%)		
不良用眼习惯					
有		255	47(18.43%)	0.006	0.9357
无		945	25(2.65%)		
近亲近视史					
有		144	65(45.14%)	37	0.0000
无		1056	7(0.66%)		
父母吸烟饮酒					
有		444	67(15.09%)	31	0.0000
无		756	5(0.66%)		
出生时窒息					
有		122	55(45.08%)	242	0.0000
无		1078	17(1.58%)		
母亲高龄生育					
有		88	65(73.86%)	67	0.0000
无		1112	7(0.63%)		
户籍					
本地		1099	66(6.01%)	0.098	0.7541
外地		101	6(5.94%)		

表 3–4　学龄前儿童弱视发病的多因素 Logistic 回归分析

组别	回归系数	标准误差	Wald 值	P 值	OR(95%CI)
近亲近视史	0.5754	0.2732	9.7123	0.0000	13.4322
父母吸烟饮酒	0.8193	0.7622	8.3221	0.0000	13.5413
出生时窒息	0.3024	0.8232	8.3564	0.0001	24.6542
母亲高龄生育	0.1831	0.1026	10.6123	0.0001	73.7652

统计，有 1 /3 的 3 ~ 7 岁未治中度屈光参差性弱视患者和部分未治斜视性弱视患者，仅通过一段时间的屈光矫正可治愈弱视，无须进行下一步治疗。

目前国内多使用框架眼镜予以屈光矫正，遵循近视、高度散光和高度远视予以全矫、中度远视予以欠矫、轻度散光不予理会原则。除了框架眼镜，还可以采用多种方式进行屈光矫正，具体选择方法如下。

①角膜接触镜。研究表明，在对常规治疗 6mol 后仍无效的屈光参差性弱视患者的治疗中，使用角膜接触镜较框架眼镜视力明显提高，差异有统计学意义。虽然研究并未显示儿童使用角膜接触镜出现角膜浸润等并发症较成人具有更高风险，但对于儿童使用角膜接触镜仍需谨慎。

②屈光手术。包括角膜屈光手术和眼内屈光手术。对于不适用、不耐受角膜接触镜者，可考虑行屈光手术治疗，包括角膜屈光手术和眼内屈光手术。与角膜接触镜原理类似，屈光手术因镜距小，对物像的影响也较小。

有研究表明，准分子激光角膜切削术在儿童重度屈光参差性弱视中具有屈光长期稳定性，出现的并发症几乎可以忽略不计。角膜屈光手术和眼内屈光手术具有安全、有效、可行性，但手术时机选择、术式选择、屈光度的选择仍有争议，尚未达成共识，还需大量的临床试验对其进行验证，这可以作为一种研究方向，为弱视治疗提供新思路。

3.2.2　遮盖疗法和压抑疗法

在屈光矫正仍不能使视力达到标准视力时，遮盖疗法或者压抑疗法可以通过减弱大脑皮层中优势眼对弱视眼的视觉传导抑制来治疗弱视。遮盖疗法作为弱视最主要、最有效的治疗方法，已有 200 余年历史，但对于遮盖量的选择，则观点不同。遮盖时间过短，无法有效刺激弱视眼，效果较差；遮盖时间过长，则依从性差，效果同样不佳，只有选择合适的遮盖时间，兼顾有效遮盖和依从性，才能达到最佳治疗效果。

国内有学者认为，每天 2h 遮盖与每天 6h 遮盖治疗轻、中度弱视，疗效无明显差异；对于重度弱视，每天 6h 遮盖与全天遮盖疗效差异无统计学意义。国外学者认为，轻、中度弱视遮盖应以 2h / d 为基础，重度弱视则需至少 6h /d，根据具体情况可适当增加遮盖时间。

还有研究表明，遮盖时间一定情况下，持续遮盖和间歇遮盖疗效无统计学差异，但后者更易被患儿接受，依从性更好。PEDIG 相关研究认为，患者采用每天 2h 的遮盖方案至视力停止提高时，加大遮盖量至每天 6h 可以进一步提高视力，采用每天 6h 遮盖方案治疗视力进入平台期后可以加用阿托品再次提高视力。

条件允许时，相同遮盖量情况下选择间歇遮盖依从性更好。遮盖疗法使用传统眼罩，压抑疗法使用阿托品，除了这两种常用方法外还有眼贴、Bangerter 压抑膜、角膜接触镜、LED 液晶眼镜等，每种方法均有其优缺点，我们需根据患者具体情况针对性选择最佳方法。

①传统眼罩。传统眼罩是我国使用最多的遮盖方法，优点为价格低廉、获取容易，缺点是遮盖不完全并且不美观。患者可通过眼罩周边露出的缝隙使用健眼，也可以自行摘除眼罩减少遮盖时间，从而影响弱视治疗的效果。传统眼罩的不美观导致患者易出现自卑、厌恶、抗拒等心理，影响治疗依从性。

②1%阿托品眼用凝胶。该凝胶多在优势眼使用，用于不配合遮盖的患者，副作用较小，少见眼部刺激等局部症状及皮肤干燥、潮红、发热等全身症状。PEDIG 相关研究认为，阿托品治疗与遮盖治疗相比，初期疗效稍差，但治疗 6mol 后两组结果无明显差异；阿托品与 2h/d 遮盖治疗中度弱视疗效相当，差异无统计学意义；同时阿托品对于治疗重度弱视也具有一定作用。还有研究显示，相较于延长遮盖时间，遮盖疗法加用阿托品可以得到更高的矫正力，而且使用阿托品对健

眼的屈光不会造成任何不良影响。但儿童多不能长期配合治疗。

③眼贴。国外较多使用眼贴进行健眼遮盖。相比于传统眼罩，眼贴遮盖严密、不露缝隙，出门前使用、回家后摘除，避免了患者不遵医嘱完成遮盖。而且眼贴图案较多，一定程度上解决了因不美观造成的依从性不良问题。缺点则为舒适感欠佳，部分患者会出现皮肤过敏现象。

④遮盖性角膜接触镜。遮盖性角膜接触镜的优点是遮盖完全并且美观，缺点是部分患者不适用角膜接触镜，并且有可能出现巨乳头型结膜炎、角膜感染和角膜损伤等相关并发症。使用时应注意适应证，对于不适用于遮盖性角膜接触镜的患者，如低龄儿童，应避免使用或谨慎使用。

⑤LED 液晶眼镜。该眼镜通过电流控制 LED 液晶镜片的透光率，非遮盖时透光率为31%，遮盖时透光率为0.06%，自动完成遮盖、去遮盖。其优点为外貌较为美观，儿童容易接受，无须手动调节。缺点为 LED 镜片非遮盖时透光率为 31%，仍旧有过度遮盖优势眼导致优势眼视力下降的风险。一项研究对比 LED 液晶眼镜间歇遮盖与传统眼镜持续遮盖治疗弱视的疗效和安全性，结果表明两组患者治疗前后视力均有明显提高，采用非劣效检验认为试验组疗效非劣于对照组，且 LED 液晶眼镜具有较高安全性，可作为遮盖治疗的方法之一应用于弱视治疗。目前仅有国外两家公司有类似产品，国内获取较困

难，价格较贵。

3.2.3 视功能训练

弱视严重损害患者视功能，会造成对比敏感度、视敏度、立体视觉、整体运动知觉和轮廓整合功能受损，并会出现拥挤现象、交互抑制作用、空间分辨率的减弱和缺失，但屈光矫正和遮盖治疗对视功能的恢复无效，因此视功能的训练至关重要。视功能训练通过各种方法刺激双眼，提高对比敏感度，训练双眼单视，建立并巩固立体视觉，进一步提高视力并防止弱视复发，包括知觉训练、双眼分视训练等。对于成人弱视治疗来说，视功能训练可以刺激恢复视觉可塑性，其重要性甚至大于遮盖治疗。

①知觉训练。经过一段时间学习、训练掌握某种视觉技能，称为视知觉学习，这一过程称为视知觉训练。在空间、图形、大小、深度、方位等几方面设计知觉学习任务，通过不断重复知觉训练，可以增强视网膜光感受细胞对光的敏感性，激活视觉神经信号通路，促进视觉神经联系与视觉功能的再发育，矫治和改善大脑神经系统，增强视觉神经系统的信号加工处理能力，达到快速提高视功能的功效。电子视频游戏类的知觉训练在临床治疗方面可以提高视觉皮质可塑性，并且都已被证明具有显著效果，但其在生物—心理—社会的角度具有成瘾性，临床医师需要注意游戏过度使用的危险性，并且在治疗过程中进行正确的引导。

②双眼分视训练。不同于单目训练，分视训练需双眼同时进行。目前双眼分视训练方法有 ipad 双眼分视游戏、3D 电影、双目视频游戏、虚拟现实头戴式显示器、动作视频游戏等，可以显著提升双眼视力、对比敏感度、融合功能和立体视功能。ipad 双眼游戏通过同时给优势眼低分辨率图片、弱视眼高分辨率图片使患者体验双眼视觉，研究表明其在儿童弱视治疗中可以迅速提高视力，并且具有持续稳定性。

3.2.4　药物疗法

尽管依从性良好、遮盖量充足，许多患者经过治疗后仍旧残存视力缺陷，不能达到正常视力标准。国外学者针对此类疗效不佳患者研究了许多药物，包括左旋多巴、抗抑郁药盐酸氟西汀、γ-氨基丁酸拮抗剂（gamma-aminobutyric acid antagonists，GABA 拮 抗 剂）及胞 磷胆碱等。

①左旋多巴。左旋多巴作为多巴胺的前体，可以透过血—脑屏障，在视网膜和视觉中枢功能中扮演重要角色。有研究表明，在重度弱视和成人弱视遮盖治疗中加用左旋多巴可以提高疗效，对于弱视治疗之后的残存视力缺陷，左旋多巴治疗也具有显著疗效。

②胞磷胆碱。胞磷胆碱参与细胞膜磷脂的生物合成，进入血—脑屏障后可以提高中枢神经系统中去甲肾上腺素和多巴胺的水平，在缺血、缺氧条件下提供神经保护。有研究显示，在弱视遮盖治疗平台期，遮盖治疗加用胞磷胆碱比单纯遮盖治疗

具有更佳的视力改善，还有研究结果表明，在 Bangerter 压抑膜治疗弱视中加用胞磷胆碱可以明显提高疗效，对于重度弱视患者疗效尤为显著。

③盐酸氟西汀。盐酸氟西汀是一种选择性 5—羟色胺抑制剂。有研究表明，盐酸氟西汀通过减少大脑皮层内抑制剂数量、提高视皮层内脑源性神经营养因子表达而促进成人弱视视功能的恢复。

④GABA 拮抗剂。大脑中 GABA 抑制剂在视觉皮层可塑性敏感期调控中扮演主要角色，动物实验研究表明，通过减少 GABA 合成抑制剂或减少 GABA 能受体拮抗剂可以增加啮齿动物成年期视觉皮层的可塑性。

左旋多巴和胞磷胆碱可作为辅助药物用于弱视治疗中，辅助弱视治疗以提高疗效，对盐酸氟西汀、GABA 拮抗剂等其他几种药物在治疗弱视方面的疗效和副作用尚有争议，仍需我们进一步研究探索。

3.3 传统治疗的不合理处——对心理的影响

结论：

遮盖治疗的弱视男童 CBCL 各种行为因子出现情况中躯体主诉、社交退缩、攻击行为、学校情况 4 个因子的评分明显高于对照组，差异有统计学意义（$P<0.05$），见表 3–5。

综上，在传统观点中，视觉敏感期内除去异常视觉环境后视觉系统的发育仍可恢复到正常状态，而可塑敏感期过后视觉

表 3-5 CBCL 男 t 行为因子值比较

n=30，$x \pm s$

	遮盖组	未遮盖组	t 值	P 值
躯体主诉	2.38 ± 1.84	1.50 ± 1.34	2.31	<0.05
焦虑抑郁	2.21 ± 1.80	1.49 ± 1.70	1.86	>0.05
社交退缩	3.06 ± 1.46	3.80 ± 2.20	2.3	<0.05
思维问题	1.50 ± 1.67	0.96 ± 1.56	1.7	>0.05
注意问题	0.67 ± 1.05	0.22 ± 0.56	1.98	>0.05
违纪行为	6.06 ± 1.68	6.60 ± 1.65	1.57	>0.05
攻击行为	11.88 ± 3.80	15.16 ± 3.30	4.1	<0.05
活动情况	0.65 ± 1.05	0.25 ± 0.51	1.96	>0.05
学校情况	2.68 ± 2.28	4.89 ± 0.98	4.61	<0.05

系统的可塑性基本终止，近 20 年随着科学技术的发展，新观点则认为在视觉敏感期以后，已终止了的视觉可塑性可以被重新激发，成人进行弱视治疗仍旧有一定疗效。这促进弱视治疗迈入新阶段，即屈光矫正基础上进行遮盖疗法，辅助以视功能训练和药物疗法，依从性的好坏直接决定弱视的治疗效果。

3.4 研发背景

3.4.1 美国学者 2007 年提出 liquid crystal smart glasses 治疗弱视：

Polymer dispersed liquid crystal lenses were prepared from a mixture of prepolymer（NOA 65） and E7 liquid crystal. The mixture of polymer dispersed liquid crystal was polymerized by ultravio-let（UV） curing in the polymerization induced phase separation process. With liquid crystal concentration， electro-optical proper-ties of polymer dispersed liquid crystal lens devices including trans-mittance， driving voltage， response times， contrast ratio and slope of the linear region of the transmittance-voltage were measured and optimized for smart electronic glasses. The optimum concentration for polymer dispersed liquid crystal lens was NOA 65 of 40% and E7 liquid crystal concentration of 60%. This is the first report of the use of the polymer dispersed liquid crystal lens for smart electronic glasses with auto-shading and/or auto-focusing functions.

聚合物分散液晶透镜由前聚合物（NOA 65）和 E7 液晶构成。聚合物分散液晶的混合物在聚合诱导相分离过程中通过紫外线(UV）固化聚合。聚合物分散液晶透镜器件的光电特性，包括透射性、驱动电压、响应时间、对比度和透射电压线性区域的斜率，均具有液晶光特性。用于智能电子眼镜的测量和优化。聚合物分散液晶透镜的最佳浓度为 NOA 65 的 40%，E7 液晶浓度为 60%。这是首次报告使用聚合物分散液晶透镜的智能电子眼镜具有自动配光和V或自动对焦功能。

The journal *Electronic Materials Letters* publishes original papers and occasional critical reviews on all aspects of research and technlogy in electronic materials. Topics include electronic, magnetic, photonic, and nanoscale materials. The editors place emphasis on science, technology and applications of materials, especially on the relationships among the processing and structure of various materials and their mechanical, thermal, chemical, electrical, electronic, electrochemical, magnetic and optical properties.

Coverage of processing includes thin film, nanostructure fabrication self-assembly, solidification, phase transformation, and bulk, as well as related topics in thermodynamics, kinetics and modeling. *Electronic Materials Letters* is an official journal of the Korean Institute of Metals and Materials.

3.4.2 FDA2016 年正式审核批准用于临床治疗弱视

Fiscal Year 2016

CERTIFICATION OF REGISTRATION

This certifies that:

TAIZHOU KAISUM FITNESS EQUIPMENT CO.,LTD.
No.888,Yangsi Road,Zhang'an Street,Jiaojiang,Taizhou,
Zhejiang,China 318017

has completed the FDA Establishment Registration (as manufacturer and foreign exporter) and Device Listing with the US Food & Drug Administration, through

MRDevice Services, LLC

Owner/Operator Number: 10051290

FDA

Device Listing No	Code	Device Name
[illegible]	ISA	Massager, therapeutic, electric (Head massager, Eye massager, Shoulder massager, Neck massager, Waist Massager, Foot Massager)

MRDevice Services, LLC will confirm that such registration remains effective upon request and presentation of this certificate until the end of the calendar year stated above, unless said registration is terminated after issuance of this certificate. MRDevice Services, LLC makes no other representations or warranties, nor does this certificate make any representations or warranties to any person or entity other than the named certificate holder, for whose sole benefit it is issued. This certificate does not denote endorsement or approval of the certificate-holder's device or establishment by the U.S. Food and Drug Administration. MRDevice Services, LLC assumes no liability to any person or entity in connection with the foregoing.

Pursuant to 21 CFR 807.39, "Registration of a device establishment or assignment of a registration number does not in any way denote approval of the establishment or its products. Any representation that creates an impression of official approval because of registration or possession of a registration number is misleading and constitutes misbranding." The U.S. Food and Drug Administration does not issue a certificate of registration, nor does the U.S. Food and Drug Administration recognize a certificate of registration. MRDevice Services, LLC is not affiliated with the U.S. Food and Drug Administration.

mds

MRDevice Services, LLC
3500 South Dupont Highway, Dover, Delaware, 19901, USA
Tel: +1-877-202-1588 Fax: +1-888-202-6684
[illegible]
[illegible] [illegible]

Executive Director
Issued January 24,2016
Cert No:301[illegible]161895
Expiration Date Dec. 31, 2016

图 3–1 审核批准

3.4.3 美国印第安纳大学格里克研究所 2016 年推出 Amblyz

Amblyz 可穿戴设备电子智能眼镜的原理类似于传统方法。搭配 LCD 镜片和可充电的锂电池，能设置预定时间内挡住某个眼睛视野，这意味着通过编程能自动地达到治疗要求。有 33 位 3 到 8 岁的弱视眼患者参加了设备的第一次美国实验。所有实验对象都佩戴着眼镜改正他们的视野，其中设定一个组每天戴着可穿戴设备 Amblyz 眼镜 4 小时，而另一个组每天戴 2 小时眼罩。戴 Amblyz 眼镜的实验组，强势眼的镜片每 30 秒就从清晰到模糊。3 个月后，两组实验对象都能多看见视力表上的两行，这说明两种治疗方法在改善视力方面效果接近，但 Amblyz 遮益率更高，治疗效果更好（图 3–2）。2015 年 11 月在拉斯维加斯举行的美国眼科学会年会展示了这项研究结果。美国食品及药物管理局已经批准可穿戴设备 Amblyz 眼镜为医用设备，能在美国眼科医师那里购买，售价大概为 450 美元。

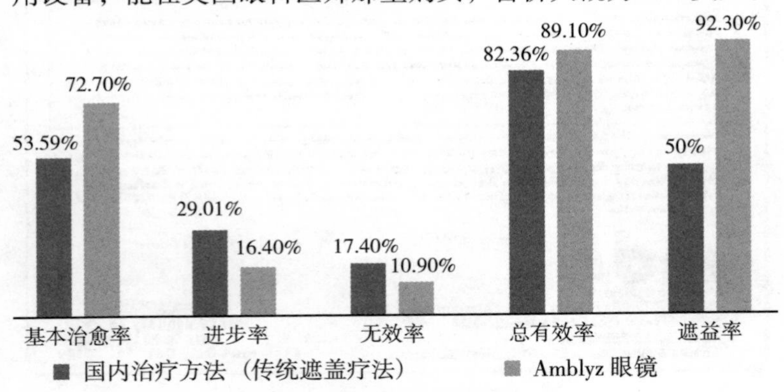

图 3–2 不同疗法效果

3.4.4 国外进口医疗器械相关国家政策

医疗器械监督管理条例（国务院令第650号）

中央政府门户网站 www.gov.cn 2014-03-31 09:59 来源：中国政府网

【字体：大 中 小】 打印本页 分享

中华人民共和国国务院令

第650号

《医疗器械监督管理条例》已经2014年2月12日国务院第39次常务会议修订通过，现将修订后的《医疗器械监督管理条例》公布，自2014年6月1日起施行。

总理 李克强

2014年3月7日

图 3–3 相关政策（来源：中国政府网）

管理办法：第八条 第一类医疗器械实行产品备案管理，第二类、第三类医疗器械实行产品注册管理。

需要注册申请：第十一条 申请第二类医疗器械产品注册，注册申请人应当向所在地省、自治区、直辖市人民政府食品药品监督管理部门提交注册申请资料。申请第三类医疗器械产品注册，注册申请人应当向国务院食品药品监督管理部门提交注册申请资料。

对进口设备企业的要求：向我国境内出口第二类、第三类医疗器械的境外生产企业，应当由其在我国境内设立的代表机构或者指定我国境内的企业法人作为代理人，向国务院食品药品监督管理部提交注册申请资料和注册申请人所在国（地区）主管部门准许该医疗器械上市销售的证明文件。

关于注册变更：第十四条　已注册的第二类、第三类医疗器械产品，其设计、原材料、生产工艺、适用范围、使用方法等发生实质性变化，有可能影响该医疗器械安全、有效的，注册人应当向原注册部门申请办理变更注册手续；发生非实质性变化，不影响该医疗器械安全、有效的，应当将变化情况向原注册部门备案。

关于医疗器械的进口条件：第四十二条　进口的医疗器械应当是依照本条例第二章的规定已注册或者已备案的医疗器械。

进口的医疗器械应当有中文说明书、中文标签。说明书、标签应当符合本条例规定以及相关强制性标准的要求，并在说明书中载明医疗器械的原产地以及代理人的名称、地址、联系方式。

3.4.5　国外进口医疗器械审批流程

《医疗器械监督管理条例》（国务院令第 650 号）第十一条：申请第二类医疗器械产品注册，注册申请人应当向所在地省、自治区、直辖市人民政府食品药品监督管理部门提交注册申请资料。申请第三类医疗器械产品注册，注册申请人应当向国务院食品药品监督管理部门提交注册申请资料。向我国境内出口第二类、第三类医疗器械的境外生产企业，应当由其在我国境内设立的代表机构或者指定我国境内的企业法人作为代理人，向国务院食品药品监督管理部门提交注册申请资料和注册申请人所在国（地区）主管部门准许该医疗器械上市销售的证明文件。第二类、第三类医疗器械产品注册申请资料中的产品检验报告应当是医疗器械检验机构出具的检验报告；临床评价资料应当包括临床试验报告，但依照本条例第十七条的规定免于进行临床试验的医疗器械除外。

（1）受理机构：国家食品药品监督管理总局医疗器械技术审评中心

（2）决定机构：国家食品药品监督管理总局

（3）办事条件：申请人应为境外生产企业，且该医疗器械已在注册申请人注册地或者生产地址所在国家（地区）获准上市销售

（4）申请材料：

①申请材料清单：医疗器械注册申报资料要求及说明，注册申报资料应有所提交资料目录，包括申报资料的一级和二级标题。每项二级标题对应的资料应单独编制页码。

②境外申请人应当提交：境外申请人注册地或生产地址所在国家（地区）医疗器械主管部门出具的允许产品上市销售的证明文件、企业资格证明文件。

境外申请人注册地或者生产地址所在国家（地区）未将该产品作为医疗器械管理的，申请人需要提供相关证明文件，包括注册地或者生产地址所在国家（地区）准许该产品上市销售的证明文件。

境外申请人在中国境内指定代理人的委托书、代理人承诺书及营业执照副本复印件或者机构登记证明复印件。

第四章 产品介绍

4.1 核心产品

4.1.1 “若视康”快门式儿童弱视治疗液晶智能眼镜

“若视康”快门式儿童弱视治疗液晶智能眼镜是电子控制快门式眼镜，是国内唯一一款可佩戴的弱视治疗眼镜。通过使用遮蔽的方法来治疗儿童弱视，智能眼镜工作原理基于对主眼的间歇遮蔽，这种间歇遮蔽会有助于迫使弱视眼球保持正常的功能和发展，同时也避免主视眼球逆向弱视。必要情况下需加戴定制镜框的光学透镜配合治疗。

【产品结构图】

产品结构如图 3–4 所示：

【相关参数】

尺寸：L129 × W129 × H40mm

眼镜重量（包括处方框架和鼻梁架）：32.2 克（1.284 盎司）

处方框架重量：2.2 克（0.077 盎司）

鼻托重量：1.7 克（0.060 盎司）

镜头类型：LCD（如果需要，可安装玻璃处方镜片）

器件最大电压：镜头驱动 10V

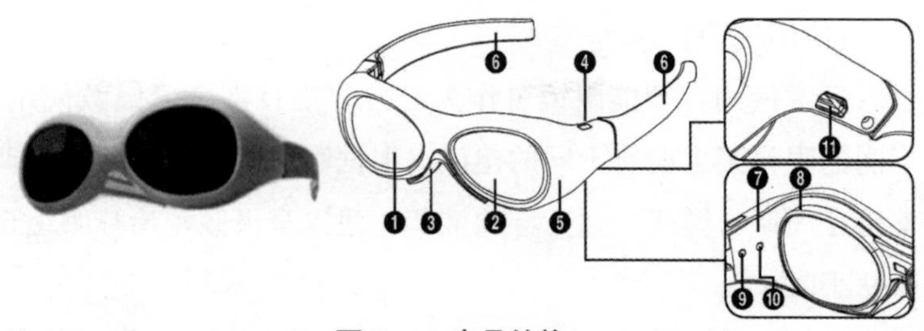

图 3-4　产品结构

①②快门式液晶镜片；③硅胶鼻垫；④指示灯；⑤镜框前壳；⑥硅胶耳挂；⑦镜框后壳；⑧光学透镜镜框；⑨电源开关；⑩左右眼以及固有模式选择按钮；⑪充电和个体化治疗模式设置接口

电池类型：锂离子聚合物 3.7V　80mAh 可充电电池（最大电压：4.2V）

无充电的最短连续运行时间（续航时间）：72 小时

USB 连接器类型：USBMicro-B

充电时长：3 小时

湿度：5%~95%

压力：海拔 0~3000 米（1014~700mBar）

温度范围：+10℃ 至 +40℃

【适用范围】

3~8 岁弱视儿童

【安装说明】

由专业人员负责安装以及初步调试，必要时需佩戴光学镜片配合治疗。

【使用说明】

日常使用：智能眼镜可作为处方眼镜日常全天佩戴使用，不同的眼科医生会有不同的建议，根据眼科医生处方建议来调整治疗周期与模式，如无特殊推荐，建议全天佩戴治疗眼镜至少 9 小时。

开启：长按开关按钮 3 秒以上，智能眼镜开启，指示灯亮；

关闭：长按开关按钮 3 秒以上，智能眼镜关闭，指示灯灭；

左右眼切换：长按模式按钮 3 秒以上，进行左右眼切换，此设置在使用前由专业人员提前设置完毕；

治疗模式设置：智能眼镜内置 5 种治疗模式，对应不同透光与不透光时间，如表 3–6 所示。将智能眼镜使用 USB 线链接电脑终端进行调试，模式选择依照眼科医生建议，如无特殊建议，建议使用模式 3。

表 3–6

治疗模式	透光（ON）	遮蔽(OFF)
模式 1	50 秒	0 秒
模式 2	40 秒	20 秒
模式 3	30 秒	30 秒
模式 4	20 秒	40 秒
模式 5	10 秒	50 秒

治疗时间设置：将智能眼镜使用 USB 线链接电脑终端进行调试，设置智能眼镜工作起止时间，可根据儿童平时作息规

律调整。

内透镜框架使用：治疗眼镜配置内透镜框架，在弱视儿童需要配合视力矫正镜片治疗弱视时，将内透镜框架连接安装到外部框架上使用，如图 3–5 所示。光学镜片需要在专业眼科医生指导下，符合内透镜框架配制。如果没有必要做光学矫正，则没有必要使用内透镜框架。

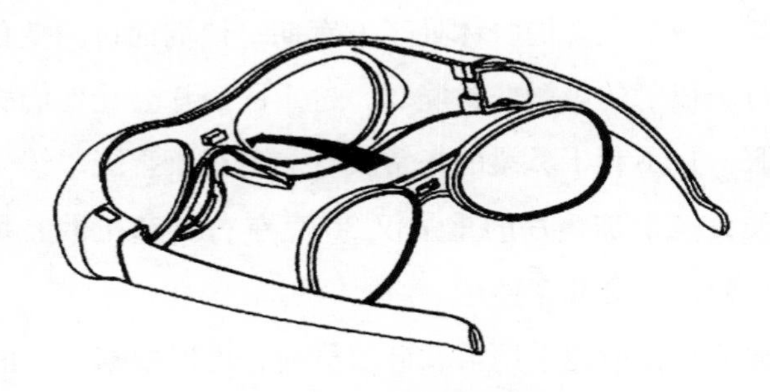

图 3–5 内透镜框架

充电：设备电池电量低时，眼镜 LED 灯会闪烁提示电量不足，此时需要及时充电。在 LED 灯闪烁时眼镜还可正常在治疗模式下工作 12 小时。眼镜内置充电电池，可连接 USB 线到充电器或电脑上进行充电。充电进行时，LED 灯会持续开启，闪烁表明连接不成功，熄灭表示充电完毕。

【产品特色】

目前市面框架眼镜产品多是为成人设计的，由于儿童自身生理特点，利用内透镜辅助治疗弱视时并不能很好地满足儿童需求。据调查，成人眼镜由于其瞳距较大，颜色单一，未能考虑儿童面部特殊的面部结构，尤其是儿童鼻峰的角度、鼻梁的曲度与成人有明显的差异。儿童鼻梁大多数比较低，成人眼镜镜架鼻托低、部分鼻托不可调。若选用此类眼镜，镜框会贴在儿童面部，甚至碰到睫毛上，孩子会不自主地用正常眼进行偷看，造成眼镜无法正常发挥作用。

而若视康智能眼镜具有以下特点：

材料轻盈：儿童的身体处于发育期，他们面目的变化也时刻在进行。孩子的鼻梁非常脆弱，过重的镜片会让他们感到非常不舒服，且不利于鼻梁的正常发育。若视康智能眼镜采用特殊的材质，镜框加镜片的重量仅 30 克左右。拿在手上几乎没有重量，非常适合儿童使用。

镜腿柔软：镜腿采用柔软硅胶材料，可以根据孩子的脸形胖瘦自我调节，不会磨损孩子幼嫩的皮肤。

鼻托较高：儿童的头部和成人头部大不相同，尤其儿童鼻峰的角度、鼻梁的曲度都和成人有明显的差异。在挑选儿童用镜架时，除了观察儿童的脸形是胖是瘦外，也要观察鼻梁是高是低。由于儿童处于发育期，鼻梁大多数是较低的，如果鼻托再低，戴上眼镜后，孩子会不自主地用正常眼进行偷看，造成眼镜无法正常发挥作用。而若视康智能眼镜鼻托设置较高。

瞳距合理：配好眼镜，不仅要验准屈光度，还必须搞好瞳距测量。对屈光度稍大些的矫正眼镜，如果瞳距有明显误差，即使屈光度符合要求，儿童戴了也会觉得不舒服，甚至难以忍受。错误的瞳距往往导致复视出现，此时大脑便马上产生修正反射，调整眼外肌，使两只眼睛接受的影像都仍旧落在各自的对应点上，虽然避免了复视，但是往往使孩子感到吃力、不舒服，少数儿童甚至为克服纵向修正量的不足而出现斜视头位，反而加重弱视。根据临床资料，若视康智能眼镜的瞳距定为（62.5+4.5）mm，适合儿童佩戴。

色彩艳丽：儿童对于色彩具有非常敏锐的感觉，他们好奇心强，喜欢鲜艳的颜色。若视康智能眼镜选用色调鲜艳，色彩明快的颜色。鲜艳的颜色可以让儿童联想起玩具，从而减弱孩子对眼镜的抵触。

【注意事项、警示及提示性说明】

不可靠近明火使用，远离磁场；

不可连接电源线使用；

设备非防水设计，不可在大雨中使用，不可将设备置入水中；

设备包括液晶镜片部件，坠地或别的外力打击可以造成破碎。如破碎，请勿试图移除破碎的镜片，未经专业人员维修好之前停止使用；

产品由专业人员维修安装；

在视线遮挡期间避免骑自行车等其他需要 3D 视觉的户外活动，以免造成人身伤害；

仅限个体化治疗使用，根据具体患者的医疗需求个体化配置，不同患者使用可能会带来伤害。智能眼镜必须在眼科医师指导下佩戴与设置模式，定期随访更改治疗模式，评估治疗效果。

【维护保养方法】

智能治疗眼睛需使用软的镜片清洁布来擦拭清洁，纸质或硬的清洁材料会划伤液晶镜片。使用清洁液时注意不可使用酒精含量超过 10%的清洁液来擦拭镜片。

【储存条件、方法】

15℃~25℃下储存，如在此范围外使用及储存会导致电池容量下降而影响电池使用寿命。

4.1.2 核心技术：智能芯片

预编程的微芯片耦合到光学透镜中，不仅可以使薄玻璃液晶快门按照预编程模式在遮光状态和透光状态之间替换，而且使远程遥控成为可能。

【核心优势】

智能芯片具有精度高、成本可控、功耗低和寿命长四大优势。

设计了专用的信号器电路，在单颗芯片中高度集成，能够感知微弱的灵敏的信号变化（0.8~3.6V 超低工作电压，0.4μA 微弱稳定睡眠模式电流），半导体传感器采用纳米材料，大幅度提高传感器灵敏度，达到工业级水平。

芯片的体积小，功率低，成本可控，工业级传感器成本降低为原来的 1/40。同时传感器智能目标定算法，使规模化生产的芯片具有一致性，最大限度地降低了生产测试成本。

运行功率降为约 1/5。

效能稳定，使用寿命提高了两倍以上。

4.2 技术原理

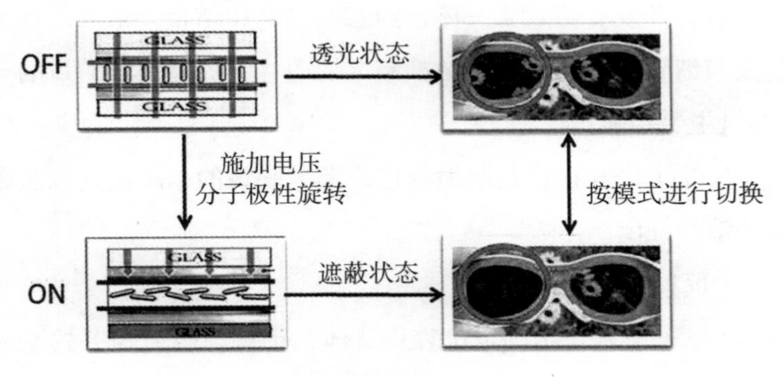

图 3–6

如图 3–6 所示，若视康液晶智能眼镜是由预编程的微芯片控制的电子快门被结合到光学折射透镜中，代表了治疗弱视的新方法。薄玻璃液晶快门应用于正常眼并且耦合到折射透镜。液晶快门包括显示电极性的大有机分子，并悬浮在涂有薄偏振膜的两个薄玻璃板之间的凝胶液中。当向该快门施加电压时，悬浮分子的空间取向改变并且光的极性旋转，旋转的光被外偏振膜阻挡并产生黑色透镜。此操作允许快门在未施加电压时（OFF）的透光状态和施加电压时（ON）的不透明状态之间交替。

4.3 辅助产品：弱视康复训练系统 APP

若视康智能眼镜的辅助 APP 具有操作要求低、使用方便、快捷等特点，方便患儿在家中进行弱视康复训练。

【技术原理】

该系统应用高科技电脑图像处理技术研制而成，它集治疗、智力开发、游戏于一体，静态和动态相结合，最大限度地刺激与消除弱视产生的视觉抑制，从而达到提高视力的目的。

【主要功能】

* 通过 USB 接口与眼镜相连，调控眼镜的遮蔽模式以及眼镜的治疗开闭。

* 远程遥控。

* 电子商城，精确定位客户群体，销售与眼镜相关的系列产品。

* 为买家提供方便快捷的售后服务。

同国外产品 Amblyz 相比，若视康不仅在核心技术上有了巨大突破，同时通过改进外观，使得其更适用于儿童群体。

第五章　竞对分析

5.1 主要参数竞对

5.1.1　电池

若视康使用了更为安全的锂离子聚合物电池，但对最大电

表 3–7 弱视治疗仪

	Amblyz	若视康
电池材料	锂离子聚合物电池	锂离子聚合物电池
电池平均电流	60mAh	80mAh
电池最大电压	4.2V	10V
电池平均电压	3.7V	3.7V
续航时间	48h	72h

压和电流都做出了相应的改进，续航时间同比 Amblyz 增加 1/3（表 3–7）。

5.1.2 芯片

若视康通过 USB 连接手机端调整治疗方案，解决了 Amblyz 运行模式单一，适用范围窄的问题（表 3–8）。

表 3– 8 弱视治疗仪

<table>
<tr><td></td><td>Amblyz</td><td colspan="3">若视康</td></tr>
<tr><td>开关</td><td>针孔手动调控</td><td colspan="3">USB 连接手机端</td></tr>
<tr><td rowspan="3">治疗模式</td><td rowspan="3">单一</td><td>模式 1</td><td>透光 40s</td><td>遮蔽 20s</td></tr>
<tr><td>模式二</td><td>透光 30s</td><td>遮蔽 30s</td></tr>
<tr><td>模式三</td><td>透光 20s</td><td>遮蔽 40s</td></tr>
</table>

5.2 外观竞对

若视康改良了传统眼镜结构，更适用于儿童（表 3–9）。

表 3-9 弱视治疗仪

	Amblyz	若视康
镜架	传统眼镜结构	硅胶
镜框		封闭式上包镜
鼻托		外置可调节鼻
重量	36.4g	32.2g

第六章 市场分析

6.1 PEST 分析

针对若视康智能眼镜，公司从政治环境（Policy）、经济环境（Economy）、社会环境（Society）和技术环境（Technology）四个方面进行分析。

6.1.1 政治环境

在国外，美国等许多国家已将婴幼儿、儿童常规眼部检查列入国家立法。世界卫生组织（WHO）与全世界诸多防盲的非政府组织（NGOs），共同发起了“视觉 2020：享有看见的权利”这一全球性行动。即到 2020 年在全世界根除可避免盲（所谓可避免盲就是指通过预防或治疗，在盲人中约有 2/3 的人可以不成为盲人或复明）。

我国儿童视力问题也一直受到有关政府部门的关注。1990

年6月4日，国务院批准国家教育委员会令第10号学生卫生工作条例，其中第十六条就规定学校应当积极做好近视眼、弱视等学生常见疾病的群体预防和矫治工作。教育部、卫健委、国家体育总局、科技部、国家民委五部委也先后组织了四次中小学生体质健康调查，发现中小学生视力问题令人担忧。在我国，30岁以下视力不良（包括近视、远视、散光、弱视、斜视）人群已达2.8亿，其中25岁以下青少年患病人数高达1.8亿，并且已呈现“总体基数越来越大，初始患者年龄越来越小”的趋势。随着社会信息化程度的不断加快，这一群体人数仍在持续快速增长。

6.1.2 经济环境

医疗器械产业伴随人类健康需求增长而不断发展，被誉为朝阳产业，是全球发达国家竞相争夺的领域。随着分级诊疗等政策的逐步推进，国内医疗器械企业所面对的未来市场潜力相当可观。据前瞻产业研究院发布的《中国医疗器械行业市场需求预测与投资战略规划分析报告》统计数据显示，2017年我国医疗器械市场规模约为4450亿元，比2016年的3700亿元增加了750亿元，增长率约为20.27%。预测在2023年我国医疗器械市场规模将突破万亿元，达到10767亿元。

近些年，我国也相继出台规划、指导措施等一系列扶持政策，促进医疗器械产业健康发展（《中国制造2025》明确把新材料、生物医药及高性能医疗器械作为重点发展的十大领域之一，提出提高医疗器械的创新能力和产业化水平，逐步摆脱高端医疗器械依赖进口的局面；《“十三五”国家科技创新规划》特别强调“十三五”时期将重点发展数字诊疗装备、体外诊断产品、健康促进关键技术、健康服务技术、养老助残技术等关键技术；《“健康中国 2030”规划纲要》提出，未来 15 年，将深化医疗器械流通体制改革、强化医疗器械安全监管、加强高端医疗器械创新能力建设、推进医疗器械国产化）。从医疗卫生机构投资方面来看，受政策的推动，民营医院和基层医疗机构数量在未来几年内仍将会快速增长，卫健委对各级各类医院科室的设备配置规定将拉动相关医疗设备的需求，进口替代和升级换代也为高端医疗器械产品留下广阔的空间；从我国居民的医疗服务需求方面来看，人均可支配收入、医疗保险的覆盖率和报销比例的提高，都增强了就医人群的支付能力。

6.1.3 社会环境

2015 年 10 月，中国决定结束长期实行的“独生子女”政策，并从 2016 年 1 月 1 日开始正式实施二孩政策。从 2003 年到 2013 年间（图 3–7），中国出生人口始终在 1600 万上下波动。2016 年，根据中国国家统计局的推算，中国出生人口超过了 1786 万，生育水平提高到 1.7‰ 以上，二孩及以上占比超过了 45%。我国或将迎来新一轮“婴儿潮”。

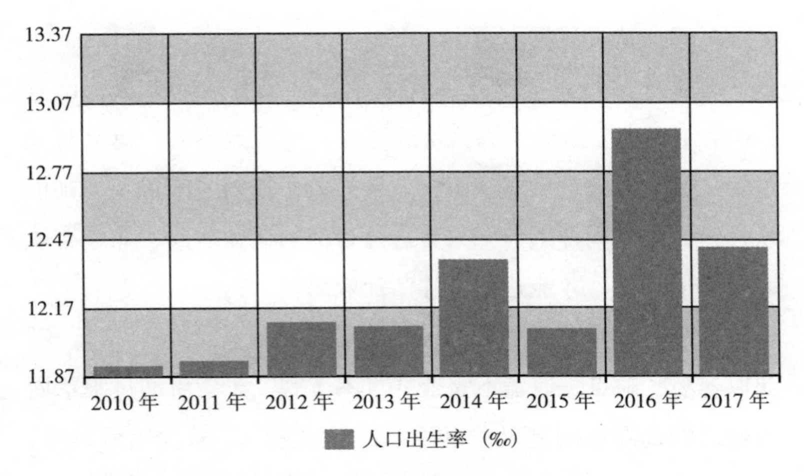

图 3-7　2010 ~2017 年我国人口出生率

数据来源：中华人民共和国国家统计局。

在调查中发现弱视儿童的屈光状态与屈光不正家族史、早产儿、窒息史、婴幼儿眼遮盖等有关，儿童视力发育受遗传和环境因素所支配。由于电视电脑的普及，学生课业负担加重，家长对孩子用眼习惯及时间监管不严等，儿童的屈光不正发生率正迅速增高。此外，由于家长对孩子视力异常的危害性、及早治疗的重要性认识很不够，尤其在农村地区，即使面对每年体检结果为视力异常的报告单反馈，他们也往往没有在意，未及时带孩子做进一步检查，延误了矫治时机。

据上海、福建、温州等地调研，各城市的弱视患儿的就诊率仅约为 20%，儿童弱视治疗迫在眉睫。

6.1.4　技术环境

遮盖疗法是目前治疗弱视最主要、最有效的方法，已有200余年历史。但对于遮盖量的选择，则观点不同。遮盖时间过短，无法有效刺激弱视眼，效果较差；遮盖时间过长，则依从性差，效果同样不佳，只有选择合适的遮盖时间，兼顾有效遮盖和依从性，才能达到最佳治疗效果。

传统眼罩是我国使用最多的遮盖方法，优点为价格低廉、获取容易，缺点是遮盖不完全并且不美观。患者可通过眼罩周边露出的缝隙使用健眼，也可以自行摘除眼罩减少遮盖时间，从而影响弱视治疗的效果。传统眼罩的不美观导致患者易出现自卑、厌恶、抗拒等心理，影响治疗依从性。国外较多使用眼贴进行健眼遮盖。相比于传统眼罩，眼贴遮盖严密、不露缝隙，出门前使用、回家后摘除，避免了患者不遵医嘱完成遮盖。而且眼贴图案较多，一定程度上解决了因不美观造成的依从性不良问题。但该法舒适感欠佳、阻碍患者泪循环且可能导致部分患者会出现皮肤过敏现象。

我们的产品也是基于遮盖疗法的原理进行弱视治疗，通过对主眼的间歇遮蔽而达到对患眼的刺激作用，两种状态按照预编程模式进行切换，达到迫使弱视眼球正常使用目的的同时兼具避免正常眼球逆向弱视的优点。有五种治疗模式以实现个性化治疗，并且可以据儿童作息时间调整时长。实现治疗疗效好、依从性高、副作用小等全方面优势。

6.2 市场细分及目标市场

6.2.1 市场细分

第一，依据消费者家庭收入水平，可分为中高收入消费者和低收入消费者。中高收入消费者主要位于市区中心，消费能力较强。同时，现代人对于孩子的健康的重视度逐渐上升。在具备经济能力的同时，这些家庭更加愿意选择方便有效的方式来为自己的孩子进行治疗，将会有相当一部分人选择购买性能良好的产品在家治疗。而低收入消费者经济能力较弱，但对于心爱的孩子来说，又不能免去该有的治疗，因此更愿意选择在社区训练康复中心（妇幼保健中心）治疗的方式来接受本公司产品。在社区训练康复中心（妇幼保健中心）治疗不仅省去了购买仪器的昂贵费用，又可以使他们得到应有的医疗保障。

第二，根据组织市场，可以将市场分为医院和妇幼保健中心。

医院：随着生活水平的提高，现在消费者更喜欢专业的产品和服务，孩子得病往往都向医院送。再加上对弱视知识的认识不够，家长都希望得到眼科专家的治疗方案。在医院确诊后，家长为避免后续的麻烦会直接选择医院进行相关治疗。因此，医院将需要采用更好的弱视治疗方案为患者提供优质服务。

妇幼保健中心：近几年来，妇幼保健体系逐渐完善，国务院颁布的《视觉 2020》指出（我国卫生部张文康部长于 1999 年 9 月在北京代表我国政府在宣言上签字，庄严承诺：2020

年以前，在我国免根除可避盲)，中国将大范围开展眼保健工作，而眼保健工作的重心体现在小儿斜弱视及屈光不正的早期诊断及早期干预，公司产品及服务在此环节中充当了重要载体。

6.2.2 目标市场

弱视治疗年龄越小疗效越好，学龄前（3～6 岁）是最佳治疗时期，如果弱视孩子是在 6 岁前发现，则治愈概率约为 90%左右；如年龄超过 12 周岁，则治愈概率仅为 2%～5%。根据此特点，我们以 3～12 岁的弱视患儿群体为主要市场。

首先通过在试点医院进行前期推广，其次进一步拓宽市场份额覆盖国内高端市场，再次扩大销售范围以求领军全国市场，最后乘“一带一路”之船向国际市场进军。

6.3 市场容量

中国拥有超过三亿的青少年近视患者，约 1000 万的弱视患儿，约 130 万盲儿童和 165 万低视力儿童，是世界排名第二的视力“亚健康”国家和视力残疾国家，市场容量大；据统计，弱视治疗眼镜潜在市场容量约为 300 亿元（3000 元一副计算），据上海、福建、温州等地调研，各城市的弱视患儿的就诊率约为 1/5，弱视患儿弱视治疗产品及相关设备购买率约为 2/3，也就意味着全国约有 133.33 万的弱视患儿接受治疗并将选择购买弱视治疗产品，该部分弱视患儿所产生的市场为刚需市场，即无须经过教育引导就会选择购买弱视治疗产品，经计算，刚需市场总量约为 39.9 亿元。另一方面，本产品填补了弱视治疗眼镜的空白市场，也就是说本产品拥有约 60 亿元的空白市场。

6.4 市场机会

现有的弱视治疗市场上，仅有笨重的弱视治疗仪，难以实现康复训练家庭化，而缺乏轻易便携的治疗产品，可见弱视治疗眼镜市场需求大，但该市场尚空白，其预估值约为 60 亿元。

妇幼保健系统中的眼保健尚处于起步阶段，缺乏开展眼保健相关的仪器和设备，同时缺乏专业技术人员，因此，如何培养眼保健人才也是妇幼保健中眼保健发展的关键。

研究表明，早期的眼科诊断及干预对婴幼儿远期视觉质量起着关键性作用，尤其是弱视的诊断及治疗。

综上，目前市场机会巨大，不仅存在弱视治疗眼镜的空白市场，同时，眼保健系统的蓬勃发展也为新型眼科设备的销售与推广提供了不可缺少的机会，因此，如何在大环境中牢牢把握机会，快速推动若视康治疗眼镜进入市场是公司发展的关键。

第七章 营销策略

7.1 价格策略

根据市场调查，国内外现存弱视治疗仪器的价格如下：

表 3–10

	Vivid Vision	E–sight3	新视界视康仪
价格	$4,000	$10,000	￥4680
外观特点	类似 VR 眼镜	需手持遥控	体积大
外观设计			
治疗群体	成人弱视	儿童弱视	儿童青少年
优缺点	疗效不明 推荐不便	疗效较差 易致斜视	疗效较好 携带不便

由表 3–10 可知，美国弱视治疗仪最高已经达到 1 万美元，国内弱视治疗仪器基本在 5000~8000 元。据调查，多数弱视家庭能接受的价格范围在 3000~4000 元。针对若视康弱视治疗仪对弱视具有良好疗效的特点，公司希望借此在弱视群体中建立良好形象，在整个弱视患者群体乃至整个视觉缺陷人群中建立良好的口碑，易于为消费者所接受。

基于以上考虑，我们对消费者进行如下分析：

在弱视治疗市场中具有足够的购买者，由于目前市场上并无实际替代品，因此这部分消费者的议价能力较低。

由于该产品对弱视治疗有良好疗效，且对于立体视觉、融像能力的恢复也有作用，较之其他产品的患者治愈率更高，因此消费者认为该产品的质量较之一般产品有所提高，此时消费者心理承受价位将有所提高。

但对于弱视治疗市场，目前已有较多成熟产品，因此本产品的需求具有弹性，公司可通过以下措施降低成本来降低售价，促进销售。

① 随着产品逐渐被患者接受，产品的销量随时间的增长而增长，此时产品的生产成本降低。

②公司科研团队不断进行产品的改进及创新，可在一定程度上降低产品生产成本。

③在公司发展后期，部分销售网络及渠道已形成，因此销售及宣传费用部分减少，从而降低销售成本。

产品定价不过度追求盈利，而更多为打开市场，增加销售量考虑，基于以上条件，根据渗透定价法，将若视康视治疗仪价格定为 3000 元 / 台。

7.2 产品策略

第一代若视康快门式儿童弱视治疗眼镜模型如下（图 3–8）：

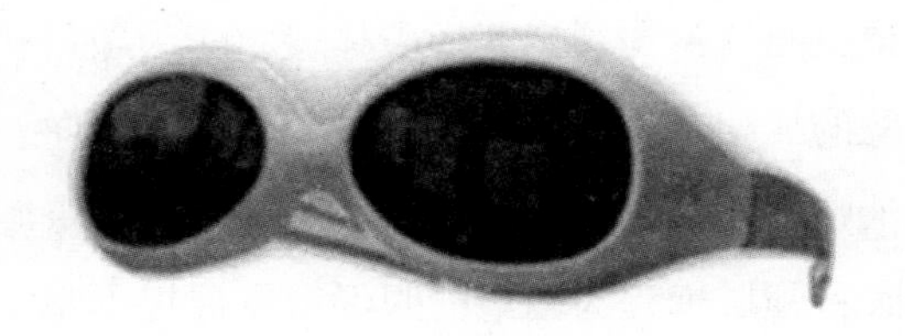

图 3–8

①产品包装：公司产品包装主要采用“蓝色为主色调，同时融入家庭因素”的柔和亲近风格。

②产品设计：眼镜重 45g，电池体积微小，契合于镜架内，外观精美。眼镜采用纯物理治疗理念，将预编程的由微芯片控制的电子快门与液晶镜片结合。未施加电压时，呈透光状态。施加电压时，悬浮分子空间取向改变，光极性旋转，旋转的光被外偏振膜阻挡，呈遮光状态。两种状态按照预编程模式进行切换，达到迫使弱视眼球正常使用目的的同时兼具避免正常眼球逆向弱视的优点。

③产品开发：我们拥有完整的产业链，原料厂商提供原材料，工厂加工组装，将成品提供给试点医院，进行产品的推广及销售。我们的团队负责核心技术研发，并对产业链进行衔接协调，更准确地对产品进行后期跟进。

7.3 渠道策略

7.3.1 与医院合作

公司对核心技术产品——若视康弱视治疗仪，将采用与医院合作的模式，由医生进行专业推荐，扩大销售。我们拟将第一代眼镜提供给就诊弱视患儿免费体验，作为项目初期推广。

与医院的战略合作，为弱视提供了治疗新方向，帮助弱视儿童进行治疗，能够很好融入大众。实现了医疗资源的合理分配，可在眼科领域远程为当地的眼保健发展提供坚实可靠的基础。

以弱视训练为例，某一弱视病人若在医院被诊断为弱视，若在医院进行弱视训练，则有医生推荐试用若视康治疗仪。同时将所得数据输入产品所附 APP，进行后期跟进。患者在家中即可得到正确的建议，从而实现“远程医疗”。

与医院合作，合理利用国家资源发展当地眼保健事业，既为中国贡献了自己的力量，又为若视康的弱视治疗仪奠定了市场基础，同时可方便在各地快速建立弱视儿童资料的管理制度。在管理眼保健资料的同时，锁定并管理公司客户，合理协调医疗资源。

7.3.2 代理商

公司代销主要采用代理商销售的模式，根据不同地级市的经济水平及人口分布，面向全国招募代理商，代理商以“押金+基本货款 + 促销押金”的模式加入。同时，公司将为其提供基本的装修方案及医疗关系，帮助其快速进入医疗市场。

①代理商定价：代理商加盟定价为 10 万元，其中 4 万元为押金，4 万元为货款，2 万元为广告促销金，代理商退出则押金返还。

②代理商促销：公司根据各省份代理商数量及分布，统一制定促销战略，如广播促销、会议学习班等。

采取代理商模式的主要原因有以下几点：

①公司建立初期，现有市场渠道有限，通过代理商模式，可以更好地利用各方资源，更快地进入市场，对弱视治疗仪的快速推广起着决定性作用。

②促销战略成本较大，公司初期资金有限，通过“押金 +

基本货款 + 促销押金”的代理商模式，能够快速回笼资金，避免过多存货，同时满足促销战略的基本资金需求，为公司进行长远产品促销提供保障。

代理商权益：

①公司所聘请的专家团队将为代理商提供全套眼科基础知识培训，为眼科产品的销售提供良好的背景知识，也为视觉训练中心的开展储备人才。

②代理商有权在其所在省市悬挂公司聘请的专家教授介绍，提高知名度与可信度，在一定程度上降低销售推广成本。

③公司合法保障代理商权益，严格保证当地市场归代理商所有。同时，公司还为代理商提供医疗关系，以保证其市场能够正常运作。

综上，公司的营销模式主要分两块：其一，同医院合作，除推动了弱视治疗发展之外，还利用了现今极为发达的互联网，将远程医疗贯穿其中；其二，代理商销售模式，通过资源的合理配置，共享代理商保证金、医疗关系和学术关系等，实现代理商与公司的双赢。

7.4 市场战略

若视康弱视治疗仪是国内最为先进的弱视的治疗仪器，有弱视患者的地方就有我们的市场。公司将采取多点发展战略，先依靠与山西省人民医院的合作关系，在山西省开辟市场，建立品牌；

随后凭借良好的品牌效应，在一、二线城市进一步推广，拓宽市场份额，覆盖高端市场，领军全国市场。

未来我们将积极响应国家号召，通过“一带一路”共享科技成果。

第八章　风险对策分析

8.1　市场风险及对策

做该项目我们有自身的优势，但在我们的经营过程中仍然存在着风险，从它的研发到投入市场，再到消费者购买使用它，我们可能会面对：政策风险、产品风险、管理风险、技术风险、市场风险以及其他风险，为了使项目能够得以顺利运作，就必须在项目运作之前或运作的过程中采取相应的风险防范对策，从而尽可能地发挥项目运作的自身优势，避免项目风险可能带来的损失，针对分析的项目风险，拟采取相应的防范措施。

8.1.1　风险分析

市场接受风险，若视康是一家新兴的高新技术企业，缺乏一定的信誉；同时弱视的认知率较低，核心技术产品柯来视弱视治疗仪在短时间内可能不易被接受。

行业竞争风险，目前土耳其、美国等国外公司视光学仪器凭借其技术，已完成相关弱视眼镜的研发。

8.1.2 应对措施

鉴于弱视治疗仪行业激烈的竞争现状，公司目前的公关及广告等综合竞争能力较为薄弱，因此要巧妙避开与同行业的其他公司正面竞争。公司采取独特的营销模式，我们拟让第一代若视康提供给就诊弱视患儿免费试用，进而推动若视康进入市场，随后我们将在一、二线城市进一步推广，拓宽市场份额，覆盖高端市场，领军全国市场。

同时，国外虽早先实现相关弱视眼镜的研发，但技术垄断，国内暂时没有相关弱视治疗眼镜的研发且国内患儿购买国外眼镜过程烦琐。相对于国外的弱视治疗眼镜，我们在其基础上进行改革创新，更加提高了治疗效率。

8.2 经营风险及其对策

8.2.1 风险分析

主要零部件的供应以及价格风险：本公司生产的视光学仪器零部件大多是一般的电子器件，市场上容易取得，但零件供货质量的好坏、配送的及时性以及价格波动性等都会构成公司正常经营的风险因素。

产品质量风险：本公司采用委托生产，自己组装的方案，无法保证委托商提供的产品组件的质量，也很难保证组装完成后成品的质量情况。如果公司产品质量欠缺，必将影响客户对公司产品的信任度，进而影响产品品牌形象和企业经营业绩。

8.2.2 应对措施

针对零部件的供应问题，本公司将在初期重点选择一至两家信誉较好、规模较大的供应商，与其建立“双赢互利”的合作伙伴关系。在签订的供货合同中，将严格规定零件的运送及相应的责任赔偿条款，以保护公司利益。在公司具有一定经济实力时，公司将采取培养供应商策略，在供应商中寻找到实力较一般，但信誉较好、潜力较大的企业，与其达成长期合作协议，让其在本公司的帮助下发展壮大，这样的供应商在长期合作中将是忠实的合作商。

针对产品质量问题，本公司将注重加强职工质量意识的培养，在公司上下普遍形成“产品质量是公司的生命”的共识；定期宣扬产品质量的重要性，让质量的重要性深入每一个员工的骨髓，让质量第一成为公司的企业文化；在日常生产中，公司十分重视加强产品质量管理，成立质检组，实行“责任到人”的制度，按照产品的企业标准来逐项检查，严格监控产品质量；在产品售后，公司的技术人员将与用户定期交流，帮助、指导用户解决产品使用过程中的问题。

8.3 技术风险及其对策

若视康的业务主要取决于对产品知识产权的维护以及产品质量的保障。这主要取决于生产方，因此需向生产方定期发布相关产品的内部规范与标准以及定期进行产品的二次试验等，这些工作均需在总体发货前进行。本团队相信自己有能力适应技术进步及生产稳定性发展的步伐，依靠国际互联网和其他在线服务等先进的通信手段，团队有能力支持这项产品的生产。未来的产品计划均由团队自主研发，不依赖于过多的第三方科研机构，技术障碍已经清除。

8.3.1　风险分析

专利或商标侵权的风险：由于本公司产品所需的所有元件料都是常见的光学元件，且组装简便，其他厂商可较轻易地对我公司的产品进行模仿（山寨版），抢占本公司市场。

对核心技术人员依赖的风险：公司核心技术人员掌握本公司的所有关键技术，对公司现在和将来的技术创新与改进起着重要的作用。虽然上述人员具有很大的创业热情，但仍然存在某些特定条件下的流失风险。

新产品开发的风险：作为高新技术企业，无论是在本次创业初期，还是后期新产品开发过程中，总是存在一种新产品从开发到规模化和产业化生产并被市场所认可的阶段，产品从研制、临床试验到投产形成成熟产品批量生产，环节较多，资金投入较大、周期较长，而且存在产品开发失败的风险。

8.3.2　应对措施

为了防止伪劣假冒产品的出现，若视康已申报国家专利。

对所有参与公司技术开发的人员签署《公司保密协定》，对违反该协定的，通过法律手段为公司挽回损失。同时鼓励核心技术人员拥有公司一定比例股份，成为公司股东。

8.4 管理风险及其对策

8.4.1 风险分析

本公司由有经验的教师团队及学生科研团队共同构成，面临高层管理人才流失、团队工作效率低下等风险。

8.4.2 应对策略

对公司高层管理人员，公司将建立股份奖励制度及发行内部股。同时，制定股份捆绑制度，设立不同资历“层”，最高的层级员工承受最大风险，最低层级的员工承受最小的风险，而每个“层”的员工平分公司分配给这个“层”的股份，以此提升员工企业荣誉感与积极性。

市场管理、团队操作经验在产品的研发与推广过程中已获得长足发展，并依托于多家大数据服务公司，有良好的市场数据分析能力，投入市场后有能力把控市场风向。在信息反馈方面，我们建立了相对完善的信息反馈系统，在生产商、项目团队、医院与用户之间形成了信息反馈链，用户使用情况及相关建议由医院一手掌握并提供给团队用于后期的产品完善与创新。

人员管理、团队管理方面，将部门之间的外部协调为一个部门的内部协调，实现了 1+1＞2，在很大程度上减少了协调工作量，提高工作效率。劳动与所得得到了合理的配置，避免了人力资源浪费。生产人员有合理的训练方案进行生产前期的培训以及大量流水线实际操作，产品质量在人工方面得以保证。

8.5　政策风险对策

8.5.1　风险分析

目前儿童弱视治疗成为业界关注的重点问题之一。国家政策的变动会直接影响到我们公司的发展空间和方向。国家宏观经济政策，尤其是对高科技企业政策的变化和相关的国家标准的出台都会对产品的研发生产和销售带来巨大的影响。

8.5.2　应对措施

对于政策的风险，我们需要及时地关注有关我们行业内的新闻事件和相关政策条例的发布，及时调整战略，避免损失，必要时可以咨询更为专业的风险分析师。

8.6　财务风险及其对策

8.6.1　风险分析

资金亏损，公司没能按照计划实现盈利，甚至出现亏损，那么风险投资商可能不会进行第二次投资，甚至还会撤资，这样一来对企业的打击是致命的。

融资风险，融资活动可能会给企业的经营成果带来不确定以及可能引起股权变动，从而导致公司内部混乱。

8.6.2　应对措施

针对企业亏损这一风险，公司将股东纳入公司管理层中，使股东参与公司的管理，来拉近股东与公司之间的关系，使其不会轻易撤股；同时公司将积极打开市场，建立营销渠道，迅速回收资金，来赢得投资商的信任。

针对融资风险，公司在后期的融资活动中，将会合理选择新的股东，同时保证新股东的股份低于原先股东的股份，来保护企业的经营成果。

我们在党旗下集结

——由一份问卷、一项调研报告创作出的抗疫微视频

2020年春节突如其来的新冠肺炎迅速扩张，全球肆虐，打破了原有的安定祥和。这一年对于中国人民来说是极不平凡的一年，对于世界各国人民来说也是异乎寻常的一年，这是一场惊心动魄的抗疫大战，是一场艰苦卓绝的历史大考。在中国共产党的带领下，全军全国各族人民团结一心、披荆斩棘、攻坚克难，从白衣天使到人民子弟兵，从科研人员到社区工作者，从志愿者到工程建设者，从古稀老人到“90后”“00后”青年一代，各行各业同胞不惧艰险、逆行出征、坚持奋战，终于取得了新冠肺炎疫情防控阻击战的重大战略成果。这场波澜壮阔的抗疫斗争增强了中华儿女的信心，向世界展现了中国精神、中国力量。2021年新冠肺炎取得重大胜利之际，我们围绕“高校学生对抗疫工作的满意度情况”进行了一次问卷调查，了解学生对中国抗击疫情的切实感受和认知程度，为下一步学生工作提供一定的参考和指导。同时在庆祝中国共产党建党100周年之际，发出新时代青年“志存高远、脚踏实地，做国家的骨干和栋梁”的铮铮誓言。

一、调查目的

在疫情防控条件之下，通过开展高校学生对抗疫工作满意

度调查（以山西大学为例），切实了解当代大学生对疫情防控的真实看法和想法，引导学生树立爱国主义观念，增强学生对社会主义的信心。

二、调查对象

2.1 调查对象及其情况

本次调查对象为山西大学随机调研的1200名学生，其中本科生636名，硕士研究生396人，博士研究生168人，本次共发放问卷1200份，收回有效答卷1185份，有效率达98.75%。

2.2 调查内容

调查内容主要是当代大学生对疫情防控工作的满意程度、对中国共产党在疫情防控工作中发挥作用的认同度、疫情下大学生对疫情的态度和应对。问卷有12项选择题，8项开放式题型。聚焦疫情防控期间的热点问题，通过数据分析，全面剖析解读新时代青年学子的世界观、价值观、人生观。

2.3 调查方法

本次调研使用校内拦截访问的形式，通过发放纸质问卷并回收答卷，组织培训26名同学分成5组，每组设置调研监督员，负责整个调查期间的问卷发放、向被访者讲清所列问题、科学回收等，共计利用课余6天时间完成了问卷填报工作，问卷总计1200份，其中有效问卷1185份，有效数量为98.75%，本次问卷调查是成功的。

三、调查统计与分析

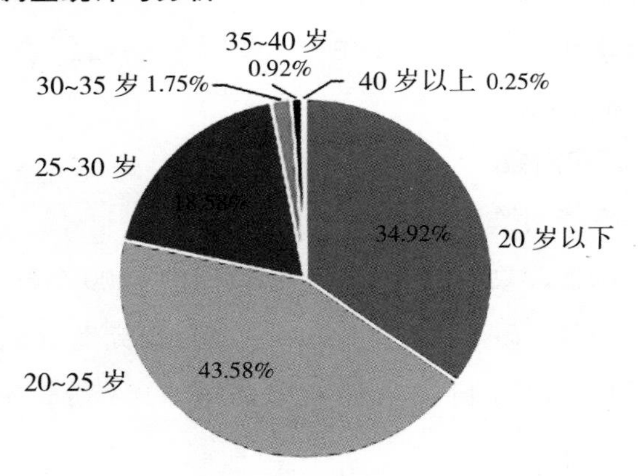

调查对象年龄结构

学历结构：收集的问卷中本科生 763 人，占 63.58%；硕士研究生 369 人，占 30.75%；博士研究生 68 人，占 5.67%。

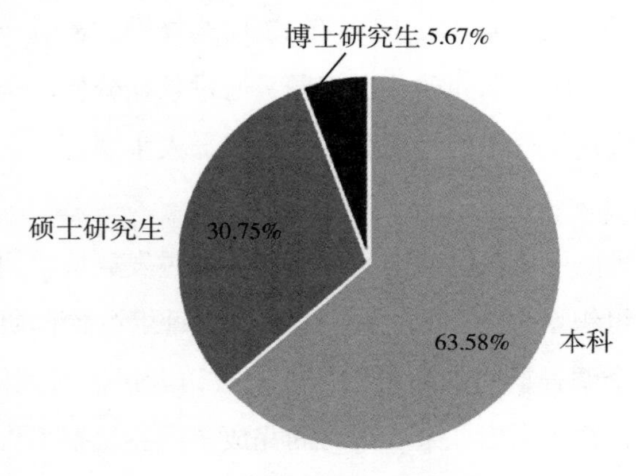

调查对象学历分布情况

政治结构：收集的问卷中，中共党员 186 人，占15.50%；

共青团员 919 人，占 76.58%；民主党派 6 人，占 0.50%；群众 89 名，占 7.42%。

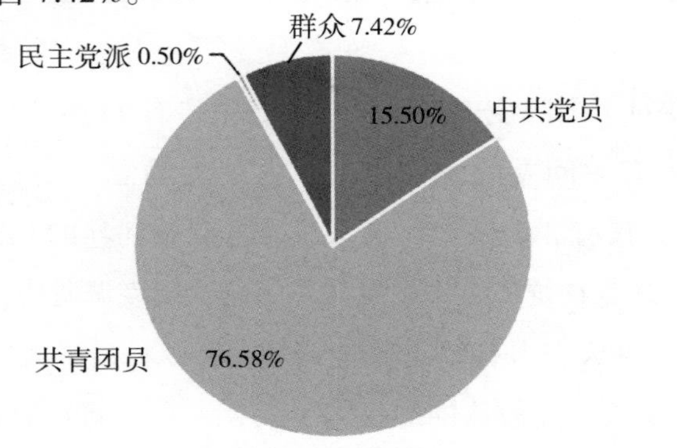

调查对象政治面貌分布情况

家庭所在地结构：收集的问卷中山西籍 586 人，占 48.83%；湖北籍 23 人，占 1.92%；河北籍 67 人，占 5.58%；北京籍 5 人，占 0.42%；港澳台 2 人，占 0.17%；其他省份 517 人，占 43.08%。

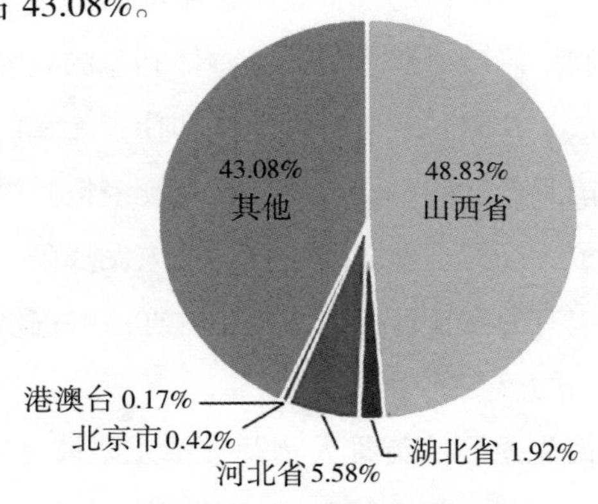

调查对象家庭所在地分布情况

这些都与学校大数据学院为我们提供全校全部相关数据结构高度一致，从一个侧面也证明了本次调研活动的科学性和规范性。

在对中国防疫工作满意度调查中，有 1176 人认为非常满意，占有效问卷的 99.24%；6 人认为满意，占有效问卷的 0.51%；仅有 3 人认为比较满意，占有效问卷的 0.25%。在对中国共产党在抗疫工作中发挥作用的认同度调研中，非常认同的有 1179 人，占有效问卷的 99.49%；认同的 5 人，占有效问卷的 0.42%；比较认同的仅有 1 人，占有效问卷的 0.08%。新冠肺炎疫情发生以来，中国政府及时做出了牺牲经济让路于抗击疫情、力保人民生命健康的抗疫决策，采取了封城、延迟开工开学等果断措施。在付出巨大牺牲之后，中国不但有效遏制了国内的疫情扩散，而且为全世界抗击疫情争取了时间，这是中国对世界抗击疫情工作的宝贵贡献。中国的抗疫，充分展示了中国共产党和中国政府对人类社会整体利益的高度重视，展示了中国人民敢于奉献、敢于牺牲精神和伟大无私的国际人道主义精神。中国共产党和中国政府高度重视疫情防控工作，迅速在全国展开了一场抗击新冠肺炎疫情的人民战争，体现了一个负责任大国应有的责任与担当，得到这样一种高度评价与赞誉，是实至名归的。

在对抗疫最先想到的英雄人物调查中（限填 4 人），排名前 6 的分别是：有 1116 人写习近平总书记，占有效问卷的

94.18%；有 863 人写钟南山院士，占有效问卷的 72.83%；有 758 人写陈薇院士，占有效问卷的 63.97%；有 746 人写李兰娟院士，占有效问卷的 62.95%；有 311 人写张伯礼院士，占有效问卷的 26.24%；有 256 人写李文亮医生，占有效问卷的 21.60%。新冠肺炎疫情是新中国成立以来我国遭遇的传播速度最快、感染范围最广、防控难度最大的重大突发公共卫生事件。面对来势汹汹的疫情，习近平总书记始终牵挂着人民，84 岁的钟南山院士敢医敢言，勇于担当，提出的防控策略和防治措施挽救了无数生命；陈薇院士在疫情发生后闻令即动，紧急奔赴武汉执行科研攻关和防控指导任务，在基础研究、疫苗、防护药物研发方面取得重大成果；张伯礼院士在抗疫期间日夜奋战，主持研究制订中西医结合救治方案，指导中医药全过程介入新冠肺炎救治，取得显著成效；武汉金银潭医院院长张定宇虽然身患渐冻症，但仍坚守在一线，带领医护人员救治了数千名患者。面对疫情，中国人民没有被吓倒，而是用明知山有虎、偏向虎山行的壮举，书写下可歌可泣、荡气回肠的壮丽篇章！

在对最先想到或印象最深刻的抗疫情景调查中（限填 4 项），排名前 6 的分别是：有 916 人填写了习近平总书记深入武汉社区，占总有效问卷的 77.30%；有 625 人填写了火神山、雷神山医院的建设，占总有效问卷的 52.74%；有 362 人填写了志愿者在社区、乡村抗疫，占总有效问卷的 30.55%；有

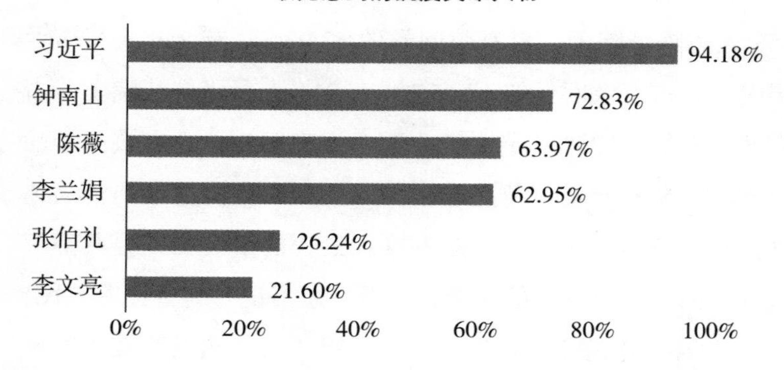

263 人填写了医护人员在一线救死扶伤，占总有效问卷的 22.19%；有 213 人填写了解放军紧急驰援武汉，占总有效问卷的 17.97%；有 166 人填写了钟南山在火车餐车上工作奔赴武汉，占总有效问卷的 14.01%。疫情面前，有一种力量，叫中国力量；有一种速度，叫中国速度。“世上从没有从天而降的英雄，只有挺身而出的凡人”，全国各行各业、各条战线的抗疫勇士临危不惧、视死如归，在困难面前豁得出、关键时刻冲得上，以生命赴使命，用大爱护众生，彰显出一个个平凡英雄的使命担当。天地英雄气，千秋尚凛然。在历史车轮滚滚前行的历程中，每一代人都有每一代人的使命。无论是战争年代保家卫国，还是和平年代建设祖国，又或是面对疫情大考之时全力保障人民群众的生命安全和身体健康。时代变迁，不变的是我们都需要英雄、需要英雄精神的滋养。中华民族能够经历无数灾厄仍不断发展壮大，从来都不是因为有救世主，而是因为

在大灾大难前有千千万万个普通人挺身而出、慷慨前行！他们是无数辛勤耕耘、默默奉献在这片土地上的劳动人民的典型代表，因为有了他们，我们才走出阴霾，迎来曙光。在他们身上，我们看到了信仰，感受到了力量，他们是我们中华民族的脊梁。

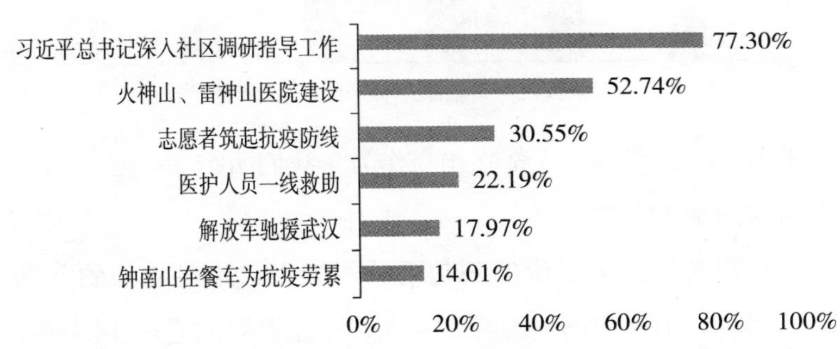

对于抗击疫情最先想到的词语的回答中（限选 4 项），排名前 6 的分别是：有 1176 人选择了“感恩”，占总有效问卷的 99.24%；有 1175 人选择了“强大”，占总有效问卷的 99.16%；有 863 人选择了“奉献”，占总有效问卷的 72.83%；有 362 人选择了“自豪”，占总有效问卷的 30.55%；有 216 人选择了“担当”，占总有效问卷的 18.23%；有 213 人选择了“团结”，占总有效问卷的 17.97%。感恩祖国，感恩那些为了抗击疫情辛勤工作的奉献者，正是因为我们身后有强大的祖国，我们才能战胜无数艰难险阻，赢得最后的胜利。有人远征他乡，施以援手；也必然会有人留守故地，守望家乡。在疫情面前，没有

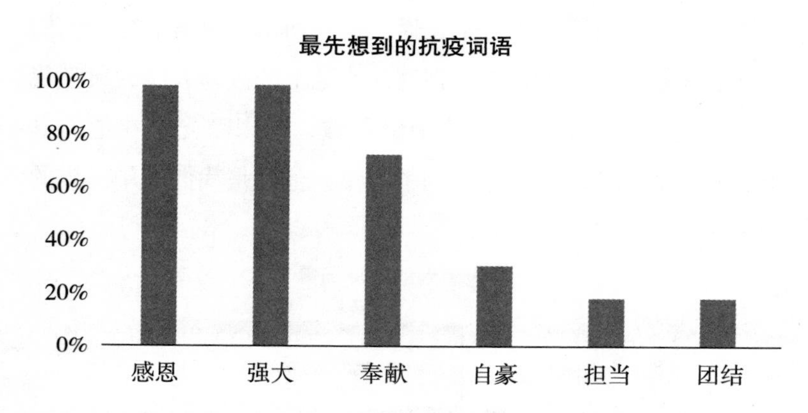

人置身之外，所有的人都在担当作为，我们团结在一起，书写新时代的奉献之歌。

在提起抗疫最想说的一句话的回答中，排名前 6 的分别是：填写“加油中国”的有 219 人，占总有效问卷的 18.48%；填写“我爱你中国”的有 176 人，占总有效问卷的 14.85%；填写“感谢医护人员”的有 155 人，占总有效问卷的 13.08%；填写“感谢解放军”的有 109 人，占总有效问卷的 9.20%；填写“武汉加油”的有 98 人，占总有效问卷的 8.27%；填写“我要做志愿者”的有 31 人，占总有效问卷的 2.62%。伟大的抗疫精神，展现了全国各族人民不屈不挠的意志力。疫情的不期而至，再次检验了中国人民的意志力，正是因为全国各族人民不畏艰难困苦，舍小家、为大家，紧要关头舍生忘死，把个人安危抛于九霄云外，前仆后继，历万险锲而不舍，我们才能在列强侵略、疫情肆虐时顽强抗争、忘我奋战，在性命攸关之际将“生命至上”诠释得淋漓尽致，在从打响疫情防控阻击战的第一枪开始，全国各族人民就以生命力的顽强、凝聚力的深厚、忍耐力的坚韧、创造力的惊人让世界震撼，我们也为自己是中国人感到骄傲和自豪！

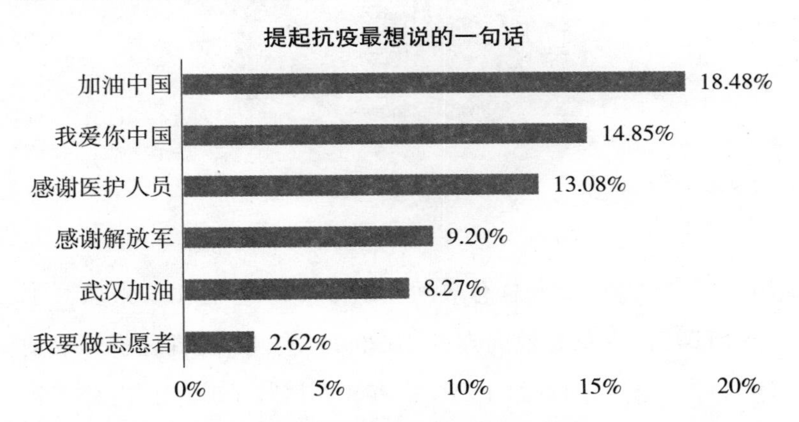

在对你身边是否有感人的抗疫故事的回答中，有 1156 人选择了“有”，占总有效问卷的 97.55%；有 29 人选择了“无”，占总有效问卷的 2.45%。抗击疫情的斗争中，我们每个人都是剧中人，我们的身边有很多人在从事志愿者工作，甚至有些人是直接参与抗疫斗争一线的工作，居家做好隔离本身也是一种抗疫。

在“如何看待西方媒体对中国抗疫的不实报道”的回答中，有 1185 人选择了“不认同”，占总有效问卷的100%，回答“认同”的为零。

同时在对西方反华媒体的态度上（限填 1 项），有 966 人

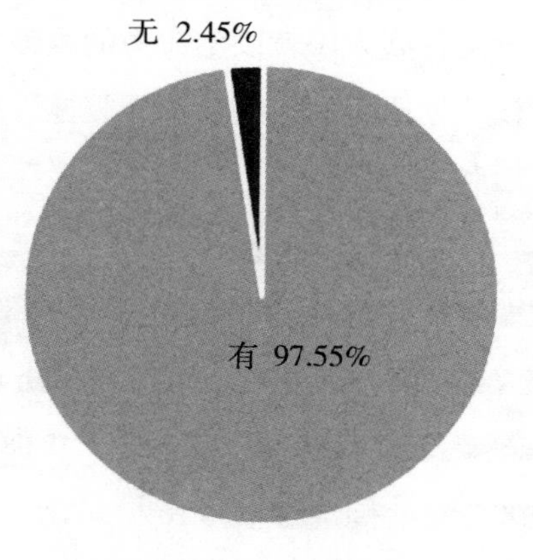

填写了“愤怒”，占总有效问卷的81.52%；有199人填写了“无所谓”，占总有效问卷的16.79%；有12人填写了“不关注”，占总有效问卷的1.01%；有8人填写了其他，占总有效问卷的0.68%。出于遏制中国发展的图谋，近来一些反华政治势力和媒体，正在煽起一阵阵歪风邪风，企图将整个西方舆论推入反华轨道。客观报道中国、讲述中国的人，会被污蔑为“中国的爪牙”；推动与中国正常交流合作的人，会被污蔑成“被中国收买”。“只能说中国坏、不能说中国好”“只准抹黑中国、不准陈述事实”，似乎正成为西方舆论场上某种“政治正确”，“麦卡锡主义”幽灵正在西方舆论场游荡。青年是整个社会力量中最积极、最有生气的力量，国家的希望在青年，民族的未来在青年。新时代中国青年，处在中华民族发展的最好时期，既面临着难得的建功立业的人生际遇，也面临着“天

将降大任于斯人”的时代使命。中国的高校大学生没有让人失望，他们仍然有理想，有抱负，仍然那么热烈地爱着自己的祖国。并且他们的政治觉悟更高，能够利用现代最迅捷的传播方式传播信息，能够利用合理合法的方式表达自己的主张！

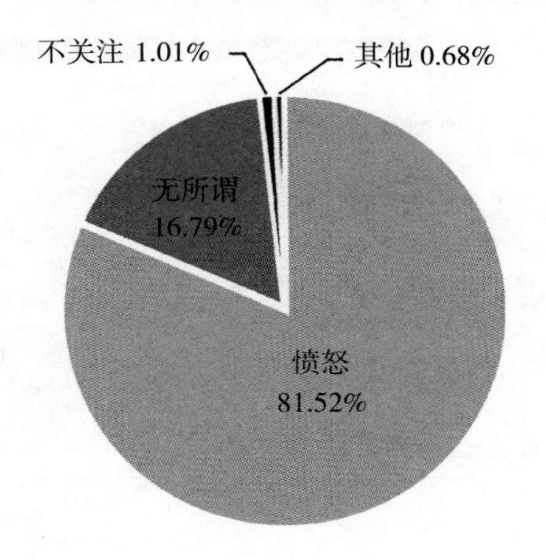

在对“你对学校的哪些疫情防控举措有深刻印象（限选 4 项）”的回答中，排名前 6 的分别是：有 1185 人选择了“每日健康上报”，占总有效问卷的 100%；有 412 人选择了“网课”，占总有效问卷的 34.77%；有 363 人选择了“为返校学生发放口罩和温度计”，占总有效问卷的 30.63%；有 216 人选择了“云毕业典礼”，占总有效问卷的 18.23%；有 163 人选择了“分餐”，占总有效问卷的 13.76%；有 98 人选择了“佩戴口罩”，占总有效问卷的 8.27%。疫情期间，每日健康上报、网

课、分餐和领到免费发放的口罩和温度计做好平时检测，成为高校大学生的日常。即便有疫情，毕业典礼也是不可缺少的，只不过这次是搬在了“云上”，相信这也会成为日后他们很特殊的青春岁月中的一段美丽回忆。

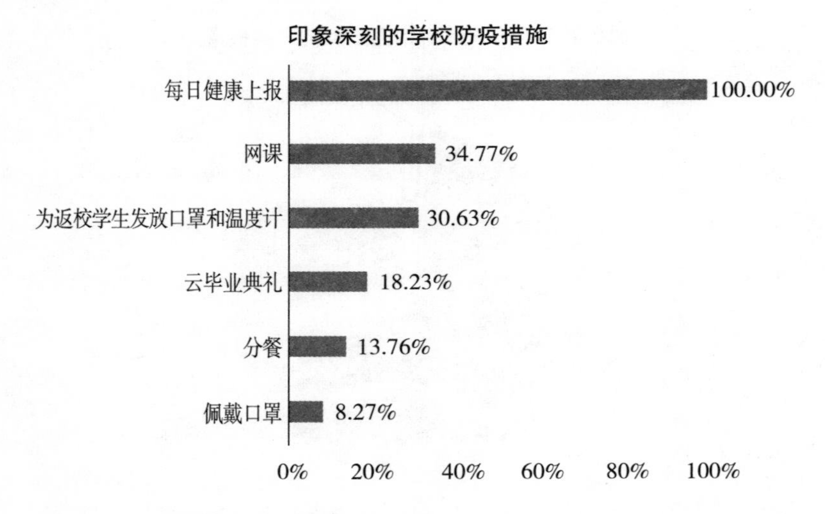

在对“抗疫工作参与情况”的回答中，排名前 4 位的分别是：有 626 人填写“志愿者”，占有效票数的48.86%；有 416 人填写“配合政府居家隔离”，占有效票数的32.66%；有 122 人填写“健康打卡”，占有效票数的 9.96%；有 69 人填写“核酸检测”，占有效票数的 5.82%。做志愿者是为国家抗疫出力，做好居家隔离，认真打卡进行核酸检测也是配合抗疫的一种积极表现，值得肯定。把抗疫中的每一件小事做好我们就是英雄。

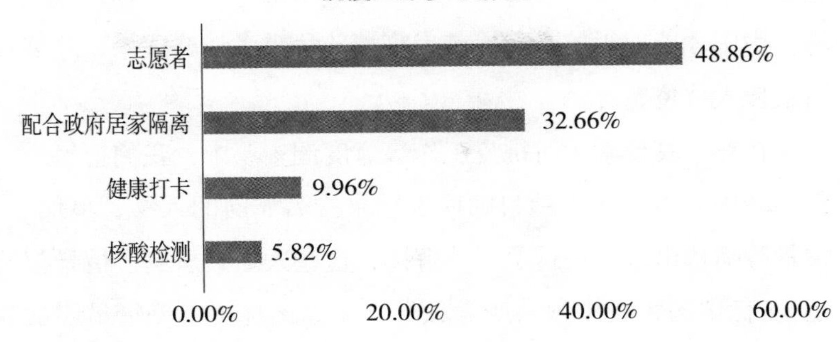

四、调研感悟

中国共产党来自人民、植根人民，始终坚持一切为了人民、一切依靠人民，得到了最广大人民衷心拥护和坚定支持，这是中国共产党领导力和执政力的广大而深厚的基础。抗疫斗争伟大实践再次证明，中国共产党所具有的无比坚强的领导力，是风雨来袭时中国人民最可靠的主心骨。疫情之初，关闭离汉通道成为决定战局的制胜一招。给千万级人口城市按下“暂停键”，需要巨大的政治勇气，需要果敢的历史担当。习近平总书记指出：“人民生命重于泰山！只要是为了人民的生命负责，那么什么代价、什么后果都要担当。”习近平总书记亲自指挥、亲自部署，党中央第一时间实施集中统一领导，中央政治局常委会、中央政治局召开 21 次会议研究决策，成立中央应对疫情工作领导小组，派出中央指导组，建立国务院联防联控机制，周密部署武汉保卫战、湖北保卫战，因时因势制定重大战略策略，波澜壮阔的抗疫斗争高效有序展开。正是因为有中国共产党领导、有全国各族人民对中国共产党的拥护和支持，中国才能取得抗击新冠肺炎疫情斗争重大战略成果，才能铸就伟大抗疫精神。

在对“高校学生对抗疫工作满意度调查”中，我们把每一份问卷中的每一个子项目的回答结果排名靠前的人物、事例、情景等筛选出来，进行了一一解读，这些人物、事例、情景都是14亿中国人在中国共产党领导下不屈不挠抗击疫情最终战胜疫情的历史再现，长城内外、大江南北，全国人民心往一处想、劲往一处使，把个人冷暖、集体荣辱、国家安危融为一体，“天使白”“橄榄绿”“守护蓝”“志愿红”迅速集结，誓言铿锵，丹心闪耀，14亿中国人民同呼吸、共命运，肩并肩、心连心，绘就了团结就是力量的时代画卷。当我们将之放于抗疫的时间脉络中去时，就构成了一部可歌可泣的史诗级的英雄赞歌，而这一切的取得都是因为我们在中国共产党的领导下。“在党旗下集结”这个题目随之而来，而如何再现这段历史，同学们想了各种办法，有的认为用角色扮演，有的认为可以采取视频截取的方式，有的认为可以采取配乐诗朗诵的形式，最终学院张立老师推荐大家采取手绘画的形式进行故事的串联，在绘画的过程中，更加感受强大祖国带给我们的幸福、和谐、平安和荣耀。同学们用心去画，用心去编排，用心去感悟，这样由一份调查问卷和一项调查报告所引申出来一部微视频由此诞生了，它凝聚了山西大学化学化工学院全体师生对伟大祖国的美好祝愿，和对一年多来华夏儿女众志成城抗击疫情的赞颂。视频很短，只有短短的不到 3 分钟；视频很长，它浓缩了一年多来抗疫故事；视频内容很少，它只能反映我们抗疫过程中的一些节点；视频内容也很多，通过视频中的这些节点，我们也可以认识到、了解到全中国人民抗疫的英勇与果敢。

当雄壮的音乐响起时，在抗击疫情的斗争中，面向党旗我们举起了拳头，发出了铮铮誓言。